まとめ上手

理 科

| Physics | Chemistry | Biology | Earth Science | Summary of the Keywords |

受験研究社

本書の特色

　この本は，中学理科の基礎・基本事項を豊富な図版や表を使ってわかりやすくまとめたものです。要点がひと目でわかるので，定期テスト対策用・高校入試準備用として必携の本です。

もくじ

5つのpartが
あるんだよ！

しくみと使い方

part**1** ～ part**4**　1節は4ページで構成しています。

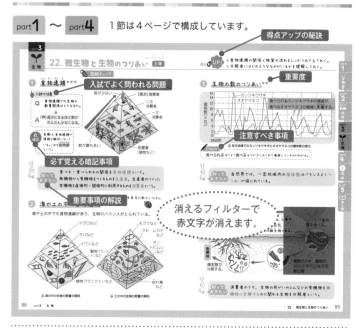

得点アップの秘訣
● 食物連鎖の関係と物質の流れをしっかりおさえておく。
● 分解者にはどんなものがいるか理解しておく。

重要度

入試でよく問われる問題

必ず覚える暗記事項

重要事項の解説

注意すべき事項

消えるフィルターで
赤文字が消えます。

📖 **図解チェック**　1～3ページ目。

　節を小項目に分け，それぞれの重要度に応じて★印をつけています（★→★★→★★★の3段階）。小項目は，解説文と図表・写真などからなっています。

　3ページ目下には，ゴロ合わせとマンガでまとめた「最重要事項暗記」を入れています。

　4ページ目は一問一答による節のまとめテストで，答えは下段にあります。

part**5**　1節は2ページまたは4ページで構成しています。

入試頻出事項をテーマごとに，図表や解説文を用いてまとめています。

物理

1. 光・音

月　日

1 年

📎 図解チェック

1 光の反射 ★★★

丸暗記

❶ 鏡にあてた**入射光**と，鏡に垂直な線（垂線）とがなす角を**入射角**という。

❷ 鏡の面ではね返った**反射光**と，鏡に垂直な線（垂線）とがなす角を**反射角**という。

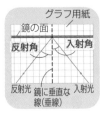

グラフ用紙

鏡の面
反射角　入射角
反射光　鏡に垂直な線（垂線）　入射光

知って
おきたい

入射角＝反射角（反射の法則）

2 光の屈折 ★★★

❶ 光が２種類の物質を通るとき，光線はその境界面で**屈折**と**反射**をする。

❷ 境界面に対する垂線と，屈折した光が進む道筋とがなす角を**屈折角**という。

丸暗記

● 空気中から，水中やガラス中に光線が進むとき，屈折角は入射角よりも**小さい**。

● 水中やガラス中から，空気中に光線が進むとき，屈折角は入射角よりも**大きい**。

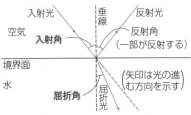

入射光　垂線　反射光
空気　**入射角**　反射角（一部が反射する）
境界面
水　屈折角　矢印は光の進む方向を示す　屈折光

▲ 空気中から水中への光の進み方

空気　屈折光　**屈折角**　垂線　直進
境界面
全反射　反射光　入射角　**入射角**
水　入射角を大きくすると，光は全反射する。　光源

▲ 水中から空気中への光の進み方

✏️ **Check!**

入射角を大きくしていくと，入射角よりも先に屈折角が90°になる。さらに入射角を大きくすると，光線は屈折することなく境界面ですべて反射する。このような現象を全反射という。

part
1
物理

part
2
化学

part
3
生物

part
4
地学

part
5
まとめ

③ 凸レンズによる像のでき方 ★★

焦点上に物体があるとき像はできないよ。

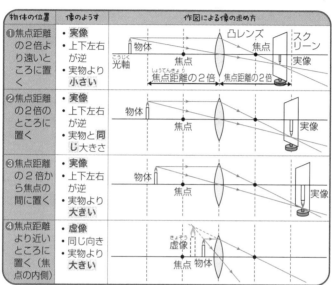

物体の位置	像のようす	作図による像の求め方
❶焦点距離の2倍より遠いところに置く	・実像 ・上下左右が逆 ・実物より**小さい**	凸レンズ／光軸／焦点／スクリーン／実像／焦点距離の2倍／焦点距離の2倍／物体
❷焦点距離の2倍のところに置く	・実像 ・上下左右が逆 ・実物と**同じ大きさ**	物体／焦点／実像
❸焦点距離の2倍から焦点の間に置く	・実像 ・上下左右が逆 ・実物より**大きい**	物体／焦点／実像
❹焦点距離より近いところに置く（焦点の内側）	・虚像 ・同じ向き ・実物より**大きい**	虚像／焦点／物体

④ 音の大きさ ★★★

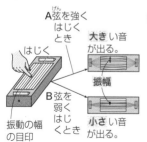

A弦を強くはじくとき → 大きい音が出る。
振幅
B弦を弱くはじくとき → 小さい音が出る。
振動の幅の目印
はじく

丸暗記

振幅が**大き**いと**大き**い音が出る。

振幅が**小さ**いと**小さ**い音が出る。

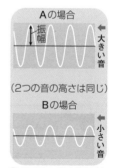

Aの場合
振幅
←大きい音

（2つの音の高さは同じ）

Bの場合
←小さい音

▲オシロスコープによる音の大小

知っておきたい　大きい音は振幅（振動する幅）が大きい。

⑤ 音の高さ ★★★

❶ 弦の張り方，振動する弦の長さ，弦の太さで，音の高低が決まる。

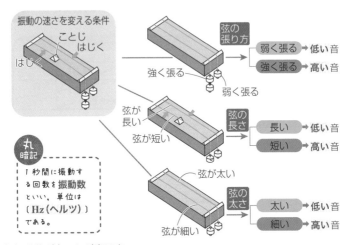

振動の速さを変える条件
ことじ
はじく
はじく

弦の張り方
弱く張る ➡ 低い音
強く張る ➡ 高い音

強く張る
弱く張る

弦が長い
弦が短い

弦の長さ
長い ➡ 低い音
短い ➡ 高い音

弦が太い
弦が細い

弦の太さ
太い ➡ 低い音
細い ➡ 高い音

丸暗記
1秒間に振動する回数を振動数といい，単位は（Hz（ヘルツ））である。

❷ 振動数が多いほど音は高い。

2つの音の大きさは同じ

← 低い音　高い音 →

▲ オシロスコープによる音の高低

知っておきたい 高い音は，振動数が多い。また，一定時間内の波の数が多い。

最重要事項暗記 高い音 **細・短・強**で
細く・短く・強く張る

ふるえふえ
振動数が多くなる

音は，弦を細く・短く・強く張ると，
振動数が多くなって高くなる。

入試直前確認テスト

次の問いに答えなさい。また、（　）にあてはまる語句を答えなさい。

- ☐ ❶ 鏡や水面に光があたってはね返ることを光の何というか。
- ☐ ❷ ❶のとき、入射角と反射角が等しくなる。この光の進み方の法則を何というか。
- ☐ ❸ 空気中を進んだ光が水中に入ると、光の進み方が変わるような現象を光の何というか。
- ☐ ❹ ガラス中から空気中へ光が進むとき、屈折して空気中へ出ていく光がなくなり、すべての光が反射することを何というか。
- ☐ ❺ 凸レンズを日光にあてると光は1点に集まるが、この点を何というか。
- ☐ ❻ 凸レンズの焦点距離より遠い所に物体を置いたとき、できる像を何というか。
- ☐ ❼ 凸レンズの焦点より内側に物体を置いたとき、できる像を何というか。
- ☐ ❽ 弦を振動させたとき、振動の幅を（①　　）といい、これが大きいほど、音は（②　　）くなる。
- ☐ ❾ 弦を強くはじくと、どんな音が出るか。
- ☐ ❿ 弦を弱くはじくと、どんな音が出るか。
- ☐ ⓫ 弦の太さを、より細くしてはじくと、どんな音が出るか。
- ☐ ⓬ ⓫のとき、振動数は弦の太さを細くする前と比べてどうなるか。
- ☐ ⓭ 次の図はオシロスコープでとらえた音の波形である。最も高い音はどれか。

ア

イ

ウ

 解答　❶ 反射　❷ （光の）反射の法則　❸ 屈折　❹ 全反射　❺ 焦点
❻ 実像　❼ 虚像　❽ ①振幅　②大き　❾ 大きな音
❿ 小さな音　⓫ 高い音　⓬ 多くなる　⓭ ウ

2. いろいろな力

1年　2年　3年

📎 図解チェック

1 力の表し方 ★★

力を図示するとき，右の図のように矢印で表す。

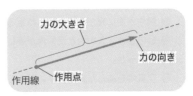

力の大きさ
力の向き
作用線　作用点

- 矢印の向き…力の向き
- 矢印の起点…作用点
- 矢印の長さ…力の大きさ

知って
おきたい　作用点，力の向き，力の大きさを力の三要素という。

2 いろいろな力 ★★

❶ 地球が物体を引く力を重力といい，作用点は物体の中心とする。

❷ 物体が机をおすとき，机が物体をおし返す垂直抗力がはたらく。

❸ 磁石の間にはたらく力を磁力という。

❹ 触れあう面にはたらく，動きをとめようとする力を摩擦力という。

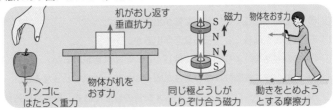

机がおし返す
垂直抗力

リンゴに
はたらく重力

物体が机を
おす力

磁力　物体をおす力

S
N
N
S

同じ極どうしが
しりぞけ合う磁力

動きをとめよう
とする摩擦力

3 重力と質量 ★★

❶ 場所によって変わらない，物質の量を質量という。単位は g や kg で表す。

❷ 重力の大きさ(重さ)は，場所によって変わる。ばねばかりや台ばかりで測定し，単位は N(ニュートン)で表す。

✏️ Check!

質量 100 g の物体にはたらく地球の重力の大きさが約 1N である。

知って
おきたい　質量は，どこでも一定。重さは場所により異なる。

part 1 ◉ 物理
part 2 ⚗ 化学
part 3 ☘ 生物
part 4 ◎ 地学
part 5 📖 まとめ

④ 力の大きさとばねの伸び ★★

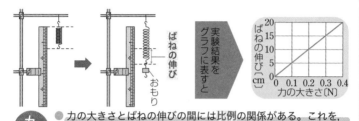

実験結果をグラフに表すと

丸暗記 ● 力の大きさとばねの伸びの間には比例の関係がある。これを，フックの法則という。

⑤ 2力のつりあい ★★★

1つの物体に2つの力がはたらいていて動かないとき，2つの力はつりあっているという。このとき，力の大きさが同じで力の向きが逆であり，同一直線上にある。

2力がつりあっているとき物体は静止しているよ。

⑥ 2つの物体にはたらく力（作用・反作用）★★

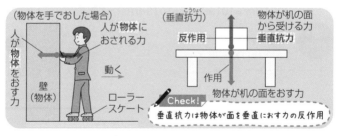

Check! 垂直抗力は物体が面を垂直におす力の反作用

物体Aから物体Bに力がはたらくとき，物体Bから物体Aにも力がはたらき返している。この一方の力を作用，他方の力を反作用という。

Check! 作用・反作用は，同じ大きさの力で，逆向きにはたらくが，つりあいの力ではない。

⑦ 圧力 ★★★

❶ 面をおすときのはたらきの大きさは, 単位面積あたりにはたらく力(圧力)で表す。

丸暗記
- 単位はパスカル(記号Pa)で表す。
- $1Pa = 1N/m^2$(ニュートン毎平方メートル)

❷ 圧力$(Pa(N/m^2)) = \dfrac{面を垂直におす力(N)}{力がはたらく面積(m^2)}$

知っておきたい $1Pa = 1N/m^2$, $1m^2 = 10000cm^2$

空気にも重さがあるんだね。

⑧ 大気圧 ★★★

❶ 地球上の物体は, 空気(大気)にはたらく重力による圧力を受けている。これを**大気圧**という。

❷ 大気圧の基準となる圧力は1気圧である。底面$1m^2$の空気柱の質量は約10130kgであり, 底面(地面)をおす力の大きさは101300Nとなり, 圧力は$101300N/m^2$。

$101300N/m^2 = 101300Pa = 1013hPa(=1気圧)$

丸暗記
1気圧 = 101300Pa
　　 = 1013hPa

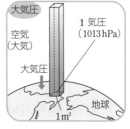

図中: 大気圧 / 空気(大気) / 大気圧 / 1気圧(1013hPa) / 地球 / $1m^2$

1kgは10Nだよ。

最重要事項 暗記

おす力 面で割って 圧力に
面を垂直に　力がはた　割り算　圧力(Pa)
おす力(N)　らく面積
　　　　　　(m²)

$$圧力(Pa(N/m^2)) = \dfrac{面を垂直におす力(N)}{力がはたらく面積(m^2)}$$

1人目より 2人目のほうが イタイ!

入試直前確認テスト

次の問いに答えなさい。また，（ ）にあてはまる語句を答えなさい。

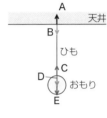

□ ❶ 力を矢印で表すとき，図の①，②，③は何を表すか。

□ ❷ 2力がつりあうためには，（① ）上で，大きさが（② ）で，向きが（③ ）でなければならない。

□ ❸ 右図のA～Eは，おもりが天井からぶら下がっているときにはたらいている力である。次の①・②の力の組をすべて書け。
　　①作用・反作用の関係にある力
　　②つりあいの関係にある力

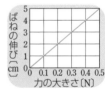

□ ❹ 質量50kgの人にはたらく重力の大きさはおよそいくらか。

□ ❺ 右のグラフは，あるばねに加えた力の大きさとばねの伸びの関係を示したものである。このばねに質量60gのおもりをつけると，ばねの伸びは何cmになるか。

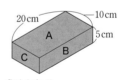

□ ❻ 圧力を求める式を書け。

□ ❼ 右の質量2kgのレンガで，圧力が最大になるのはA～Cのうち，（① ）面を下にしたときである。また，そのときの圧力は，

$$\frac{(②　)(N)}{(③　)×(④　)(m^2)}=4000(Pa)　と求められる。$$

□ ❽ 1気圧は約何hPaか。

解答 ❶ ①大きさ　②向き　③作用点　❷ ①同一直線　②同じ
　　③逆（反対）　❸ ①AとB，CとD　②AとD，CとE
　　❹ 500N　❺ 6cm
　　❻ 面を垂直におす力〔N〕÷力がはたらく面積〔m²〕　❼ ①C
　　②20　③④0.1 $\left(\frac{10}{100}\right)$，0.05 $\left(\frac{5}{100}\right)$　❽ 1013hPa

物理

3. 電流と光・熱

月　日

2年

📎 図解チェック

① 電流の流れる道筋と向き ★

❶ 電気の流れを**電流**といい，電流が流れる道筋を**回路**という。

❷ 電流は，電源の**＋極**から出て，**－極**にもどる。

❸ 電流が流れる道筋が1本の回路を**直列回路**，枝分かれした回路を**並列回路**という。

❹ 電流が流れる金属線を**導線**という。

❺ 電気用図記号

電池・電源	電球	電気抵抗	電流計	電圧計	スイッチ
—┤├—	⊗	—▭—	Ⓐ Ⓐ̲	Ⓥ Ⓥ̲	—／—

　注 電流計の ⎓ は直流であることを表す。

❻ **回路図**…電気用図記号を使って回路を図示したもの。

　例 電球2個と乾電池とスイッチを使った
　回路図

　● 導線は**直線**で描く。
　● 導線を接続する所には • をつけて表す。
　（T字形の所は省略できる。）

▲直列回路　　▲並列回路

② 電流計・電圧計の使い方 ★★

電源装置

✏ Check!
測定値が予想できないときは，まず最大値の－端子につないで測定し，次に測定値から適当な－端子につなぎかえる。

電熱線

電流計

丸暗記
電流計，電圧計とも，
＋端子は電源の＋極側に，
－端子は－極側につなぐ。

電圧計

知っておきたい　電流計は，回路に**直列**に接続。
　　　　　　　電圧計は，電圧をはかりたい部分に**並列**に接続。

得点 UP!

● 電流計・電圧計の使い方をおさえておく。
● オームの法則を正しく覚えておく。

③ 電圧と電流の関係 ★★★

オームの法則を
使いこなそう!

❶ 回路に流れる電流の大きさは電圧に**比例**する。

❷ 電流の流れにくさを**抵抗**という。

丸暗記 1Vの電圧を加えたとき、1Aの電流が流れる抵抗の値は**1Ω(オーム)**である。

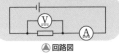

抵抗17Ω 抵抗30Ω 抵抗80Ω

傾き大 傾き小

電流 I 〔A〕 / 電圧 V〔V〕

▲ 回路図

知っておきたい 電流と電圧は比例する。これを**オームの法則**という。
電圧 V =抵抗 R ×電流 I、または、$I=\dfrac{V}{R}$、$R=\dfrac{V}{I}$

④ 回路の電流と電圧のきまり ★★★

❶ 直列回路

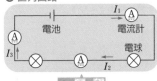

I_1 電流計
電池
電球
A
I_3
I_2

$I_1 = I_2 = I_3$

V_{ae}
e   a
V_{cd} V_{bc}
d   c   b

$V_{ae} = V_{bc} + V_{cd}$

❷ 並列回路

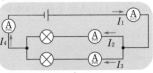

I_1
I_4
I_2
I_3

$I_1 = I_2 + I_3 + I_4$

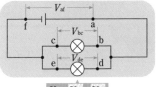

V_{af}
f   a
V_{bc}
c   b
V_{de}
e   d

$V_{af} = V_{bc} = V_{de}$

知っておきたい 直列回路は**電流**が等しい。並列回路は**電圧**が等しい。

⑤ 電力，電力量，発熱量 ★★★

電力は，電気器具の能力の大小を表す量で，1秒あたりに消費する電気エネルギーの量に相当する。単位は**ワット(W)**で表す。

右図のように水をあたためる場合，

● 電力(W)=電圧(V)×電流(A)

● 電力量(J)=電力(W)×時間(s)

● 電流によって発生する発熱量(J)

　=電力(W)×時間(s)

発熱量は電力量と同じ式で求められる。

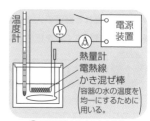

▲ 電熱線による水のあたため

丸暗記 電力量の単位にはワット時(Wh)やキロワット時(kWh)もある。

知っておきたい 電力(W)=電圧(V)×電流(A)
電力量(発熱量)(J)=電力(W)×時間(s)

⑥ 合成抵抗 ★★

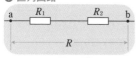
Check!
回路全体の抵抗を合成抵抗という。直列回路では各部分の抵抗の和に等しく，並列回路では各部分の抵抗より小さくなる。

❶ 直列回路

a — R_1 — R_2 — b

R

$R = R_1 + R_2$

❷ 並列回路

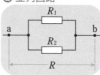

$$\frac{1}{R} = \frac{1}{R_1} + \frac{1}{R_2}$$

Rについて解くと，

$$R = \frac{R_1 R_2}{R_1 + R_2}$$

最重要事項暗記

$$\underset{\Omega}{\textbf{オウム}} \text{が} \underset{V}{\text{バイ}}\text{オリンを}$$

$$\underset{\div}{\textbf{割って}} \underset{A}{\text{ア}}\text{ッと驚く}$$

抵抗(Ω)=電圧(V)÷電流(A)

入試直前確認テスト

次の問いに答えなさい。また、（　）にあてはまる語句を答えなさい。

□ ❶ ①電流の流れにくさを表す量を何というか。また、②その単位は何か。

□ ❷ 抵抗が同じ場合、電圧と電流の間にはどんな関係があるか。

□ ❸ 回路を流れる電流の大きさは、抵抗が同じ場合は電圧に比例し、電圧が同じ場合は抵抗に反比例する。この法則を（　　　）という。

□ ❹ 電圧 V を電流 I と抵抗 R で表せ。

□ ❺ 4Ωと6Ωの抵抗を①直列につないだ場合と②並列につないだ場合、それぞれの合成抵抗はいくらか。

□ ❻ 右図で電圧、電流の大きさを読みとり、答えよ。

□ ❼ ①1秒あたりに消費される電気エネルギーの量を何というか。また、②その単位を書け。

□ ❽ 右図で電源電圧が5Vのとき、電流計が1A、電圧計が2Vを示した。この回路で電流を5分間流したとき、次の問いに答えよ。

　①電熱線a、bの抵抗を求めよ。
　②電熱線aの電力を求めよ。
　③電熱線aの発熱量を求めよ。
　④容器1と容器2で温度上昇が大きかったのはどちらか。ただし、最初の水温と水の量は同じとする。

解答 ❶ ①抵抗　②Ω(オーム)　❷ 比例　❸ オームの法則
　❹ $V = RI$　❺ ① 10 Ω　② 2.4 Ω
　❻ 電圧－7.0V　電流－140mA　❼ ①電力　②W(ワット)
　❽ ①a－2Ω　b－3Ω　② 2W　③ 600J　④ 容器2

4. 静電気，電流のはたらき 2年

月　日

📎 図解チェック

① 静電気 ★★

❶ 静電気…摩擦によって生じる電気。

❷ 2種類の電気…＋の電気と－の電気。

❸ 同じ電気どうしは反発し，異なる電気では引き合う。

❹ ＋の電気は移動せず，－の電気が移動する。

👆 入試で注意

> Q 上の図で，電子は何から何へ移動したか。　→→→　A ティッシュペーパーからストロー

🐰 知っておきたい　同じ種類の電気は反発し，異なる種類の電気は引き合う。

② 導体と不導体 ★

❶ 電流が流れる物質を導体という。

　例 金属など

❷ 電流が流れない物質を不導体(絶縁体)という。

　例 プラスチック，ゴム，ガラスなど

❸ 不導体の空気でも，誘導コイルで高い電圧を加えると放電が起こり，電流が流れる。

❹ 真空ポンプで放電管の中の空気を抜くと，真空放電が起こり，離れた場所でも電流が流れる。

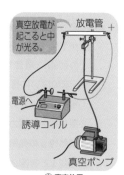

▲ 真空放電

③ 電流の流れと電子 ★★★

❶ 電流は，電源の＋極から流れ，－極にもどると考える。

❷ 電流の正体は，電子の流れである。

❸ 電子は，電極の－極から出る。

　→電源の－極から出て＋極へ，電流とは逆向きに動く。

✏ Check! 電流の流れと電子の流れは逆。

④ 陰極線（電子線）の性質 ★★★

❶ クルックス管の中で真空放電を行うと，放電管の＋極側のガラス壁が黄緑色に光る。→ － 極から出ているものを**陰極線（電子線）**という。

❷ 陰極線は蛍光物質にあたると光る。

❸ 陰極線は電極板の＋極側に曲がる。→陰極線は－の電気を帯びている。

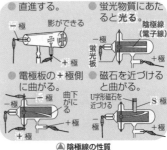

● 直進する。　　影ができる
● 蛍光物質にあたると光る。…陰極線（電子線）
● 電極板の＋極側に曲がる。
● 磁石を近づけると曲がる。U字形磁石を近づける

▲ 陰極線の性質

> 知っておきたい　陰極線（電子線）は，－の電気をもった**電子**の流れである。

⑤ 電流がつくる磁界 ★★★

❶ まっすぐな電流による磁界

右ねじの進む向きを電流の流れる向きに合わせると，右ねじの**回転方向**と同じ向きに磁界が生じる。

❷ コイルに電流が流れるときの磁界

コイルに流れる電流の向きに右手の４本の指を合わせると，親指の方向がコイルの中の**磁界の向き**で，電磁石になったときの N 極の向きになる。

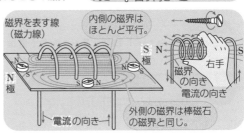

導線　電流　磁力線　右手を使う。
磁界の向き　ねじを回す向き　ねじの進む向き　電流　磁界

磁界を表す線（磁力線）
内側の磁界はほとんど平行。
S極　N極
電流の向き
右手　磁界の向き　電流の向き
外側の磁界は棒磁石の磁界と同じ。

>
> 知っておきたい　磁界を強くするためには，**電流を大きくする**，コイルの巻**数をふやす**，コイルの中に鉄心を入れる。

⑥ 電流が磁界から受ける力 ★★★

❶ 磁石による磁界の中に，電流による磁界をつくると，力が生じて導線が動く。

❷ 電流の向き，磁界の向き，力の向きは互いに直角の方向になる。

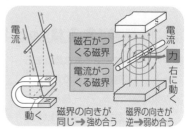

磁石がつくる磁界
電流がつくる磁界
動く
磁界の向きが同じ➡強め合う
磁界の向きが逆➡弱め合う
電流
力
右に動く

⑦ 磁界の変化と誘導電流の向き ★

コイルの中に磁石を出し入れして，コイルの中の磁界を変化させると，誘導電流が生じる。

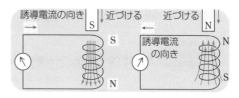

誘導電流の向き　近づける
誘導電流の向き　近づける

知っておきたい　磁界の変化によって電流が流れる現象を電磁誘導という。

⑧ 直流と交流 ★★

交流の周波数は，東日本で50Hz，西日本で60Hzだよ。

❶ 直流…電流の向きと大きさが変わらない。　例 乾電池

❷ 交流…電流の向きと大きさが周期的に変わる。　例 家庭用電源

Check!

交流の電流の向きが1秒間に変わる回数を周波数という。

最重要事項
暗記

滝の流れ **右手回して**
電流の向き　右ねじを回す向き

自戒する
磁界の向き

右ねじの進む向きに電流の向きを合わせる
➡磁界は右ねじを回す向き

入試直前確認テスト

次の問いに答えなさい。また、( )にあてはまる語句を答えなさい。

☐ ❶ 摩擦によって生じる電気を何というか。

☐ ❷ 同じ種類の電気をもつ物体どうしでは、引き合うか、しりぞけ合うか。

☐ ❸ たまっていた－の電気が流れ出したり、空間を電気が移動したりする現象を何というか。

☐ ❹ 電流が流れない物質を何というか。

☐ ❺ 放電管の空気を抜いて大きな電圧をかけると、どのような現象が見られるか。

☐ ❻ 陰極線(電子線)の正体は何か。

☐ ❼ 右図のような、陰極線を見るための放電管を何というか。

☐ ❽ 右図で、K極を－極にしてK－P間に数万ボルトの電圧を加えた。次に、電極A、Bに電圧を加えたら陰極線は下に曲がった。電極Aは＋極か、－極か。

☐ ❾ 磁石のまわりの磁力がはたらく空間を何というか。

☐ ❿ ❾のようすを表した線を何というか。

☐ ⓫ コイルに磁石を近づけると電流が流れる。この現象を(①)という。また、生じた電流を(②)という。

☐ ⓬ 右図のようにコイルにN極を近づけると、Aの向きに電流が流れた。次の場合はA、Bのどちらの向きに電流が流れるか。
①N極を遠ざける。 ②S極を近づける。
③S極を遠ざける。

解答 ❶ 静電気 ❷ しりぞけ合う ❸ 放電 ❹ 不導体(絶縁体)
❺ 真空放電 ❻ 電子 ❼ クルックス管 ❽ －極
❾ 磁界 ❿ 磁力線 ⓫ ①電磁誘導 ②誘導電流
⓬ ①B ②B ③A

5. 水圧, 浮力, 力の合成・分解 3年

月　日

📎 図解チェック

① 水　圧 ★★

❶ 水中にある物体は, 水にはたらく重力による圧力を受けている。これを水圧という。

❷ 水圧の大きさは深さに比例し(深さ1cmで約100Pa), 大気圧と同様に, どの方向にもはたらく。

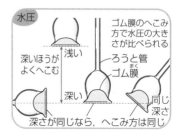

水圧

ゴム膜のへこみ方で水圧の大きさが比べられる

ろうと管
ゴム膜

深いほうがよくへこむ／浅い

深いほうが深い／同じ深さ

深さが同じなら, へこみ方は同じ

✏ Check!

> 水圧は水の深さに比例し, 深さが同じであれば, 水圧の大きさは等しい。

🐰 知っておきたい　水圧はあらゆる向きからはたらく。

② 浮　力 ★★

❶ 浮力…水中で物体にはたらく上向きの力を浮力という。

✏ Check!

> 浮力の大きさは, 物体の体積によって決まり, 水の深さには関係しない。

❷ 浮力の大きさ…空気中での重さをw_1(N), 水中での重さをw_2(N)とすると,
浮力(N)=w_1-w_2となる。

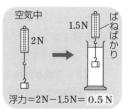

空気中／2N／1.5N ばねばかり

浮力=2N-1.5N=0.5N

浮力は重力と反対の向きにはたらくよ。

🐰 知っておきたい　浮いている物体では, 重力と浮力がつりあっている。

得点 UP! ● 力の合成の矢印の描き方を理解しておく。
● 斜面上の物体にはたらく重力の分解の矢印を描けるようにする。

part 1 物理
part 2 化学
part 3 生物
part 4 地学
part 5 まとめ

③ 2力の合成 ★★★

❶ 一直線上（2力が同じ向き）

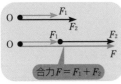

合力 $F = F_1 + F_2$

❷ 一直線上（2力が反対の向き）

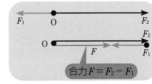

合力 $F = F_2 - F_1$

一直線上の2力の合成は，力の向きが同じ場合は2力の和に，力の向きが反対の場合は2力の差になる。

❸ 平面上の2力

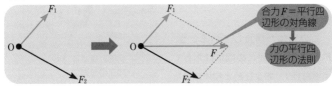

合力 F ＝平行四辺形の対角線

力の平行四辺形の法則

知っておきたい　角度をなす2力の合力は，2力を2辺とする平行四辺形の対角線で表される。

④ 分力の求め方 ★

力 F の点線方向の分力の求め方は，図のように作図して求める。

Check!
力 F の矢印を対角線とする平行四辺形を描く。

分力

分力

知っておきたい　分力を求めることを力の分解といい，もとの力を対角線とする平行四辺形の2辺がその力の分力を表す。

⑤ 斜面上の物体にはたらく重力の分解 ★★★

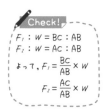

Check!
$F_1 : W = BC : AB$
$F_2 : W = AC : AB$
よって，$F_1 = \dfrac{BC}{AB} \times W$

$F_2 = \dfrac{AC}{AB} \times W$

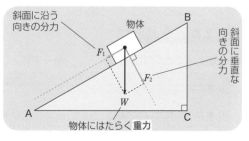

斜面上の物体には，斜面に沿う向きの力（F_1）と斜面に垂直な向きの力（F_2）が，物体の重力（W）の分力としてはたらいている。斜面の傾きが大きいほど，斜面に平行な分力が大きくなる。分力F_1は，物体を斜面の下向きに動かす力となる。

この物体が静止しているとき，F_1と物体と斜面との間にはたらく**摩擦力（P）**，およびF_2と物体にはたらく斜面からの**垂直抗力（N）**がそれぞれつりあっている。

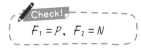

Check!
$F_1 = P，\quad F_2 = N$

物体が静止しているとき力がつりあっているよ。

知っておきたい 斜面上の物体の重力は斜面に沿う向きの分力と，斜面に垂直な向きの分力に分解できる。

最重要事項 暗記

同じ力で 同じ力の大きさ **逆に引き** 向きが逆

線でつりあう 同一直線上

2力がつりあう条件は，力の大きさが等しい，向きが互いに反対，力が同一直線上。

✎ 入試直前確認テスト

次の問いに答えなさい。また，（　）にあてはまる語句を答えなさい。

- □ ❶ 水の重さによる圧力を何というか。

- □ ❷ 右図のア〜エから，水中の物体にはたらく圧力として正しいものを1つ選べ。　ア　イ　ウ　エ

- □ ❸ 右図で水中のおもりにかかる①重力の大きさと，②浮力の大きさを求めよ。

  2N → 1.4N　おもり　水

- □ ❹ 質量40gの木片を水に入れたら浮いた。このときの浮力の大きさを求めよ。100gの物体にはたらく重力の大きさを1Nとする。

- □ ❺ 同一直線上で互いに反対向きに，5Nと8Nの力を加えたとき，合力の大きさはいくらか。

- □ ❻ 角度をなす2力の合力は，2力を2辺とする平行四辺形のどこに等しくなるか。

- □ ❼ 1つの力を2つの力に分けることを何というか。

- □ ❽ ❼で求めた力を何というか。

- □ ❾ 1目盛りを1Nとして，図1，図2に作図し，①・②に答えよ。

  図1　F_1　F_2　O

  図2　O　F_1　F_2　F

  ①図1の点Oにはたらく力F_1とF_2の合力の大きさを求めよ。

  ②図2で，力Fの分力F_1，F_2の大きさを求めよ。

- □ ❿ 斜面上の物体にはたらく重力は，斜面に（①　　）向きの分力と，斜面に（②　　）な向きの分力に分けることができる。

解答 ❶ 水圧　❷ イ　❸ ①2N　②0.6N　❹ 0.4N　❺ 3N
❻ 対角線　❼ 力の分解　❽ 分力
❾ ①5N　②F_1-5N　F_2-4N　❿ ①沿う　②垂直

6. 物体の運動

月　日

3年

📎 図解チェック

1 運動の調べ方 ★★

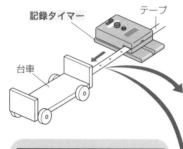

記録タイマー
テープ
台車

❶ 50Hz…1秒間に50回打点

$\frac{1}{50}$ 秒間

0.1秒間

▲ストロボ写真
一定の時間間隔で発光する**ストロボスコープ**を使うと,上のように運動のようすを連続で写真にとれる。

❷ 60Hz…1秒間に60回打点

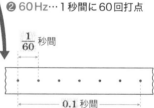

$\frac{1}{60}$ 秒間

0.1秒間

2 記録タイマーと速さ ★★★

丸暗記
速さの求め方
❶ 速さ＝移動した距離÷移動に要した時間

❷ 50Hzの記録タイマーでは,5打点間の時間は0.1sである。右図のテープの場合,5打点間に動いた距離は5cmである。

❸ ❶,❷より速さは,
5(cm)÷0.1(s)＝50(cm/s)

S は秒を表す単位だよ。

5cm

物体が一定の速さで運動した場合(50Hz使用)

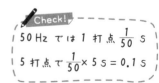

✏ Check!
50Hz では 1 打点 $\frac{1}{50}$ S
5 打点で $\frac{1}{50}$ × 5 S = 0.1 S

知っておきたい
50Hz の記録タイマーを使用した場合,テープに残された1打点分の時間間隔は $\frac{1}{50}$ S である。

得点 UP! ● テープに残された打点からの物体の速さの求め方を理解しておく。
● 等速直線運動の特徴をおさえておく。

part 1 物理
part 2 化学
part 3 生物
part 4 地学
part 5 まとめ

③ 平均の速さ ★★

平均の速さは，一定時間内に進んだ距離とかかった時間から求められる。

❶ 0〜20秒間→5 m/s

❷ 20〜40秒間→10 m/s

❸ 40〜60秒間→15 m/s

❹ 60〜80秒間→20 m/s

❺ 80〜100秒間→10 m/s

● 0〜100秒間の平均の速さ→12 m/s（1200 m÷100 s）

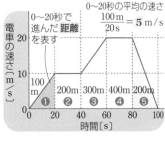

0〜20秒で進んだ 距離 を表す

0〜20秒の平均の速さ
$$\frac{100 \text{ m}}{20 \text{ s}} = 5 \text{ m/s}$$

電車の速さ〔m/s〕／時間〔s〕
❶ 100 m ❷ 200m ❸ 300m ❹ 400m ❺ 200m

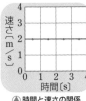
知っておきたい：その時間中，一定の速さで運動していたとしたときの速さを平均の速さという。進んだ距離は，グラフと縦軸に平行な直線と横軸とで囲まれる面積から求められる。

④ 等速直線運動 ★★★

時間と移動距離は比例の関係だね。

▲時間と速さの関係

▲時間と移動距離の関係

Check!
移動距離〔m〕
＝ 速さ〔m/s〕× 時間〔s〕

知っておきたい：物体の運動方向に力がはたらかないとき，物体は一定の速さで一直線上を動く。これを等速直線運動という。

⑤ 慣性の法則 ★

だるま落としに見られるように，外から力を加えない限り，静止している物体は静止し続け，運動している物体は等速直線運動を続けようとする。この法則を慣性の法則という。

▲だるま落とし（慣性の例）

6 斜面上の運動 ★★★

❶ 斜面がゆるやかなとき

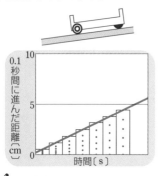

❷ 斜面が急なとき

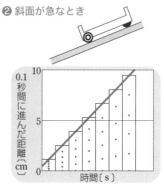

 Check!

斜面の角度が大きいほど，物体にはたらく重力の斜面に沿う向きの分力が大きくなり，速さのふえ方も大きい。

 知って
おきたい
斜面上を下る運動や摩擦がはたらく運動のように，一定の力がはたらく物体の運動では，その速さが変わる。

7 自由落下（自由落下運動）★

自由落下（自由落下運動）は，斜面の傾きが大きくなり，物体が真下に落下するときの運動である。一定の割合で速さが増加する運動で，物体にはたらく重力によって起こる。

最重要事項
暗記

距離の割に **時間**がかかる
　距離　　÷　　時間

速さかな
　＝速さ

$$速さ＝\frac{移動した距離}{移動に要した時間}$$

距離の割に時間かかるね！

part
1
物理

part
2
化学

part
3
生物

part
4
地学

part
5
まとめ

✏ 入試直前確認テスト

次の問いに答えなさい。また, ( )にあてはまる語句を答えなさい。

- □ ❶ 物体が一直線上を一定の速さで進む運動を何というか。
- □ ❷ 摩擦のない斜面上を下る運動では, 物体の速さは時間とともにどのように変化するか。
- □ ❸ 物体に力がはたらいていないとき, 静止している物体は(①)し続け, 運動している物体は(②)運動を続ける。この法則を(③)の法則という。
- □ ❹ 記録タイマーは, ①50Hzを使用した場合, ②60Hzを使用した場合, それぞれ1秒間に何回打点するか。
- □ ❺ ❹の①, ②の場合, 0.1秒間ではそれぞれ何打点するか。
- □ ❻ 物体が単位時間に進む距離を何というか。
- □ ❼ 10m/sを時速(km/h)に変換せよ。
- □ ❽ 自動車のスピードメーターが表すのは, 瞬間の速さか, 平均の速さか。
- □ ❾ 物体が重力に引かれて真下に落ちていく運動を何というか。
- □ ❿ 図1のように斜面上で台車にテープをつけて運動のようすを調べた。図2はその結果である。記録タイマーは1秒間に50打点記録するものとする。

  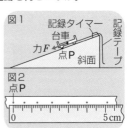

  ①図1の力 *F* の大きさは, 斜面を下っていくとどうなるか。

  ②図1で台車が斜面を下っていくと, 台車の速さはどうなるか。

  ③点Pから, 0.1秒間に台車が移動した距離を求めよ。

  ④点Pから, 0.1秒間の平均の速さを求めよ。

解答 ❶ 等速直線運動 ❷ 増加する ❸ ①静止 ②等速直線 ③慣性
❹ ①50回 ②60回 ❺ ①5打点 ②6打点 ❻ (平均の)速さ
❼ 36km/h ❽ 瞬間の速さ ❾ 自由落下運動
❿ ①変わらない ②速くなる ③4cm ④40cm/s

7. 仕事とエネルギー

月　日

3年

1 仕事とは★★★

❶ 仕事…ある物体に力を加えて，力の向きに物体を動かしたとき，その力は物体に対して仕事をしたという。仕事の単位は**ジュール(記号J)**を使い，加えた力の大きさと動いた距離の積で求められる。

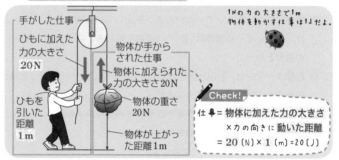

1Nの力の大きさで1m
物体を動かす仕事は1Jだよ。

手がした仕事
ひもに加えた力の大きさ 20N
ひもを引いた距離 1m

物体が手からされた仕事
物体に加えられた力の大きさ 20N
物体の重さ 20N
物体が上がった距離 1m

Check!
仕事 = 物体に加えた力の大きさ
　　　×力の向きに動いた距離
= 20 [N] × 1 [m] = 20 [J]

❷ 摩擦力にさからってする仕事

仕事(J) = 摩擦力の大きさ(N) × 移動距離(m)

移動距離
摩擦力
加える力

Check!
物体を動かすときに摩擦力と同じ大きさの力を加えると，一定の速さで動かすことができる。

知っておきたい　力を加えても，物体が動かない場合は，仕事は0。
加える力 = 摩擦力の大きさ

2 仕事率★★

一定時間(1秒間)あたりにする仕事を**仕事率**という。

仕事率(W) = 仕事(J) ÷ 時間(s)

入試で注意

Q 5秒間で10Jの仕事をしたときの仕事率を求めよ。　→→→　**A** 10÷5 = 2(W)

③ 滑車（かっしゃ）での仕事 ★

❶ 定滑車…向きを変える。

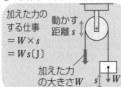

加えた力の
する仕事
$= W \times s$
$= Ws$〔J〕

動かす
距離 s

加えた力W
の大きさ

❷ 動滑車…加える力は小さく，距離（きょり）は大きくなる。

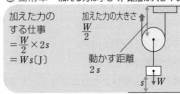

加えた力の
する仕事
$= \dfrac{W}{2} \times 2s$
$= Ws$〔J〕

加えた力の大きさ
$\dfrac{W}{2}$

動かす距離
$2s$

④ 斜面（しゃめん）上の仕事 ★★

重さWの物体を❹斜面を使用して，❺斜面を使用せず，aの高さまで持ち上げた。

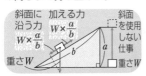

斜面に沿う力
$W \times \dfrac{a}{b}$

加える力
$W \times \dfrac{a}{b}$

斜面を使用しない仕事

重さW

重さW

✎ Check!

❹の場合（摩擦（まさつ）はないとする）
仕事＝加えた力×距離
$= W \times \dfrac{a}{b} \times b = Wa$

❺の場合
仕事＝加えた力×距離
$= W \times a = Wa$

仕事の量はどちらも同じである。

⑤ てこでの仕事 ★★

物体がされた仕事
- 加えた力の大きさ W
- 動いた距離 s
- 仕事＝$W \times s$
　　　＝Ws

⟷ 等しくなる

手がした仕事
- 加えた力の大きさ $W \times \dfrac{a}{b}$
- 動いた距離 $\dfrac{b}{a}s$
- 仕事＝$W \times \dfrac{a}{b} \times \dfrac{b}{a}s = Ws$

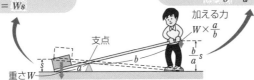

加える力
$W \times \dfrac{a}{b}$

$\dfrac{b}{a}s$

支点

b

a

s

重さW

知っておきたい 道具や機械を使っても仕事の量は変わらない（力は小さくなるが距離が大きくなる）。このことを仕事の原理という。

⑥ 物体の衝突と位置エネルギー・運動エネルギー★★★

❶ 基準面より高い位置にある物体がもつエネルギーを位置エネルギーという。

❷ くいが打ちこまれる距離（おもりのもつエネルギー）は，くいからおもりまでの高さに比例し，おもりの質量にも比例する。

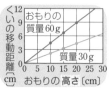

❸ 動いている物体がもつエネルギーを運動エネルギーという。

❹ 斜面から台車をすべらせ木片にあてると，木片の移動距離（台車のもつエネルギー）は，台車が速くなるほど大きくなり，台車の質量にも比例する。

位置エネルギーと運動エネルギーの和が力学的エネルギーだよ。

⑦ 力学的エネルギーの移り変わり★★★

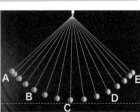

振り子のエネルギー
力学的エネルギー一定
基準の高さ

位置エネルギーが最大…A点，E点
運動エネルギーが最大…C点

位置エネルギー ＋ 運動エネルギー ＝ 力学的エネルギー

知っておきたい　摩擦や空気の抵抗がなければ，力学的エネルギーはつねに一定。（力学的エネルギーの保存）

最重要事項 暗記

仕事では 協力するのが
　仕事　　　距離　力

いちばん大切

仕事＝物体が動いた距離×物体に加えた力の大きさ

ワッセ ワッセ

協力が大切だね

part
1
物理

part
2
化学

part
3
生物

part
4
地学

part
5
まとめ

入試直前確認テスト

次の問いに答えなさい。また，( )にあてはまる語句を答えなさい。

- □ ❶ 基準面より高い所にある物体がもつエネルギーを何というか。
- □ ❷ ❶のエネルギーが大きくなるためには，物体の(①)や(②)が大きくなればよい。
- □ ❸ 運動している物体がもつエネルギーを何というか。
- □ ❹ ❸のエネルギーは同じ質量の物体なら何が大きいほど大きくなるか。
- □ ❺ 運動エネルギーと位置エネルギーの和を何というか。
- □ ❻ 仕事の量を表す式を書け。
- □ ❼ 10Nの物体を1.5mの高さまでゆっくりと直接持ち上げたときの仕事の量はいくらか。
- □ ❽ 摩擦のある水平面上で物体を動かすのに5Nの力を要した。摩擦力はいくらか。
- □ ❾ 1つの動滑車を使って重さ W〔N〕の物体を s〔m〕持ち上げた。①ひもに加えた力の大きさ，②ひもを引いた距離，③ひもに加えた力の仕事の量を答えなさい。ただし，動滑車の重さや摩擦は考えないものとする。
- □ ❿ 振り子のおもりを a の位置まで手で引き上げた。その後，静かにはなしたところ，おもりは，ア，イ，ウを通過して，a と同じ高さのエまで移動した。

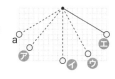

①右図で，ア，イ，ウ，エでのおもりの速さを大きい順に並べよ。
②ア〜エの中で，運動エネルギーが一番大きいものはどれか。

解答

❶ 位置エネルギー　❷ ①，②質量，高さ　❸ 運動エネルギー

❹ 物体の速さ　❺ 力学的エネルギー

❻ 仕事＝加えた力の大きさ〔N〕× 力の向きに動いた距離〔m〕

❼ 15J　❽ 5N　❾ ① $\frac{W}{2}$〔N〕　② $2s$〔m〕　③ Ws〔J〕

❿ ①イ，ウ，ア，エ　②イ

8. エネルギーと科学技術 3年

月　日

📎 図解チェック

1 発電とエネルギーの流れ ★★

火力発電	化石燃料	ボイラー	タービン	発電機
エネルギーの流れ	化学エネルギー →	熱エネルギー →	運動エネルギー →	電気エネルギー
原子力発電	ウラン	原子炉	タービン	発電機
エネルギーの流れ	核エネルギー →	熱エネルギー →	運動エネルギー →	電気エネルギー
水力発電	ダム（高い所の水）		タービン	発電機
エネルギーの流れ	位置エネルギー	→	運動エネルギー →	電気エネルギー

いろいろな発電方法があるね。

2 再生可能エネルギー ★★

　太陽の熱や光，地熱，風力などのいつまでも利用できるエネルギーを再生可能エネルギーという。再生可能エネルギーは，化石燃料を用いる発電と異なり，資源が枯渇する恐れや地球温暖化の原因となる二酸化炭素などの温室効果ガスを排出する恐れが少ないため，世界的に導入が進められている。

🔺地熱発電

🔺風力発電

part 1 物理
part 2 化学
part 3 生物
part 4 地学
part 5 まとめ

③ 熱の伝わり方 ★

物質によって熱の伝わり方が違うんだ。

❶ 伝導…温度差のある物体が接触しているとき，温度の高い物体から低い物体へ熱が伝わることを，**伝導（熱伝導）**という。

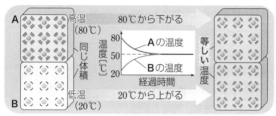

A 高温（80℃）　同じ体積　B 低温（20℃）

80℃から下がる
温度〔℃〕 80 50 20
Aの温度
Bの温度
経過時間
20℃から上がる
等しい温度

🔺 熱伝導

❷ 対流…液体や気体中で温度差があると，温度の高い部分は密度が小さいので上へ移動し，その下に温度の低い（密度が大きい）液体や気体が入りこむ。

このように，温度が異なる液体や気体自身が移動し，**循環**することで熱が伝わることを**対流（熱対流）**という。

あたたかい水
冷たい水
火

🔺 熱対流

❸ 放射…太陽の光にあたるとあたたかく感じるように，熱が物体をなかだちとすることなく，温度の高い物体か

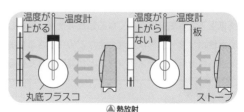

温度が上がる　温度計
丸底フラスコ
温度が上がらない　温度計
板
ストーブ

🔺 熱放射

ら赤外線などの電磁波として直接熱が伝わることを**放射（熱放射）**という。

知っておきたい　熱の伝わり方には，伝導（熱伝導），対流（熱対流），放射（熱放射）の3つがある。

8 エネルギーと科学技術 33

④ 放射線の種類と利用 ★★

丸暗記 ある種の原子が他の原子に変わる(原子核の放射性崩壊)とき,放出される微粒子や目に見えない光のようなものでエネルギーをもっているものを放射線といい,人体に与える影響をシーベルト(Sv)で表す。

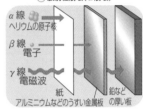

ウラン 質量238g → トリウム 質量234g
ウランがトリウムとヘリウムに分かれる
→ ヘリウム 質量4g

▲ 放射性崩壊(α崩壊)

❶ α線…+の電気をもち,透過力は弱い。空気中での飛程距離は数cm。

❷ β線…電子の流れで,−の電気をもつ。空気中での飛程距離は数m程度。

❸ γ線…X線(レントゲン線)よりエネルギーの大きい電磁波。透過力が強く,数十cmの鉄板を透過する。電気はもたない。

α線 ヘリウムの原子核
β線 電子
γ線 電磁波
紙 アルミニウムなどのうすい金属板 鉛などの厚い板

Check!
放射線は次のようなものに利用されている。
- 放射線治療…がん細胞の破壊など→X線,γ線などの照射
- ラジオグラフィ…金属製品の内部や破損箇所の発見→X線などの照射
- ガンマフィールド…突然変異による品種改良→γ線の照射

⑤ 科学技術と生活 ★

科学技術の発展で生活も変わるのかな。

軽くて弾力性がある**炭素素材**,熱や摩擦に強い**ファインセラミックス**,極低温下で電気抵抗がなくなる**超伝導物質**,紙おむつなどに使われている**吸水性ポリマー**,形状記憶合金などのさまざまな金属合金,微生物が分解できる**生分解性プラスチック**などが開発されている。

最重要事項 暗記

力づく ばけねこに
力学的エネルギー 化学エネルギー

落雷 **光と音**
電気エネルギー 光エネルギー 音エネルギー

エネルギーは,いろいろなエネルギーに移り変わる。

出ていけ!!

✏ 入試直前確認テスト

次の問いに答えなさい。また，（　）にあてはまる語句を答えなさい。

- ☐ ❶ 光合成は（①　　）エネルギーを（②　　）エネルギーに変換する。
- ☐ ❷ ラジオは（①　　）エネルギーを（②　　）エネルギーに変換させる装置である。
- ☐ ❸ やかんの水を加熱すると，水全体があたたまる熱の伝わり方を何というか。
- ☐ ❹ 電気ストーブによって手があたたまるときの熱の伝わり方を何というか。
- ☐ ❺ 右の図はエネルギーの移り変わりの一部を模式的に示したものである。エネルギー名A〜Dにあてはまる語をそれぞれ答えよ。

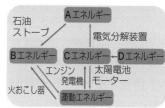

- ☐ ❻ 発電所では，いろいろなエネルギーを利用して発電している。①〜③にあてはまる語を書け。

発電所の発電方式	発電機のタービンを回転させるために利用しているエネルギー
①　　発電	化学エネルギーから移り変わった熱エネルギー
②　　発電	核エネルギーから移り変わった熱エネルギー
水力発電	ダムなどに蓄えられているときに水がもっている　③　エネルギー

- ☐ ❼ 放射線には多くの種類があるが，その中で非常に透過力が強く，X線より強いエネルギーをもつ電磁波は（①　　）線である。放射線が人体に与える影響は（②　　）という単位で表す。

 解答

❶ ①光　②化学　❷ ①電気　②音　❸ 対流（熱対流）

❹ 放射（熱放射）　❺ A－化学　B－熱　C－電気　D－光

❻ ①火力　②原子力　③位置

❼ ①γ（ガンマ）　②シーベルト（Sv）

9. 物質とその性質

1年

図解チェック

① ガスバーナーの使い方 ★★

❶ 火のつけ方，炎の調整

① 2つの調節ねじが閉まっていることを確かめてから，ガスの元栓を開ける。

② ガス調節ねじを回して火をつける。

③ 青い炎にする。炎を適当な大きさにしてから，空気調節ねじで調整して空気を入れる。

❷ 火の消し方…火をつけるときの逆の順序で，**空気調節ねじ→ガス調節ねじ→元栓**の順に閉めて，火を消す。

火をつけるときと消すときはちょうど逆の順序だね。

● ガス調節ねじも空気調節ねじも**反時計**まわりで開く。逆に，閉じるときは，時計まわりで閉じる。

知っておきたい　ガスバーナーは，炎の色を**青色**に調整して使用する。オレンジ色の炎は**空気不足**である。

② 上皿てんびん・電子てんびんの使い方 ★

❶ 上皿てんびん

① 水平な台の上に置き，指針が左右に同じだけふれるよう**調節ねじ**を回す。

② はかりたいものと**分銅**をそれぞれの皿にのせる。分銅は少し重いと思われるものをのせる。その後，つりあうように分銅をかえる。

❷ 電子てんびん

① 水平な台の上に置き，何ものせていないときに表示板の数字を「**0**」にする。

② はかりたいものを皿にのせ，表示板の数字を読む。

Check!

薬品などをはかりとるときは，薬包紙をのせてから「0」にする。

得点 UP!
● 密度を正しく求められるようにしておく。
● 有機物と無機物の違いを理解しておく。

③ 物質を分類する ★★

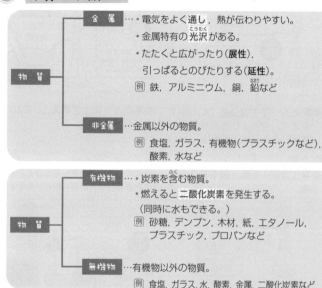

物質 ── 金属 … ・電気をよく通し, 熱が伝わりやすい。
              ・金属特有の光沢がある。
              ・たたくと広がったり(展性),
               引っぱるとのびたりする(延性)。
           例 鉄, アルミニウム, 銅, 鉛など

      ── 非金属 …金属以外の物質。
           例 食塩, ガラス, 有機物(プラスチックなど),
              酸素, 水など

物質 ── 有機物 … ・炭素を含む物質。
               ・燃えると二酸化炭素を発生する。
                (同時に水もできる。)
            例 砂糖, デンプン, 木材, 紙, エタノール,
               プラスチック, プロパンなど

      ── 無機物 …有機物以外の物質。
            例 食塩, ガラス, 水, 酸素, 金属, 二酸化炭素など

丸暗記 1種類の物質からできているものを純粋な物質(純物質), 2種類以上の物質が混じり合っているものを混合物という。

④ 物質の密度 ★★★

体積1cm³あたりの質量の大きさを密度(単位は g/cm³)という。

し(質量)
た(体積) み(密度)

Check!

$$密度 (g/cm^3) = \frac{物質の質量(g)}{物質の体積(cm^3)}$$

鉄   水   アルミニウム

1cm³あたり   1cm³あたり   1cm³あたり
7.87g   1.00g   2.70g
→ 7.87 g/cm³ → 1.00 g/cm³ → 2.70 g/cm³

温度が変わると体積が
変わるから, 密度も変わるよ。

知っておきたい 物質の密度は, 物質ごとに決まっている。

⑤ 気体の発生方法と集め方 ★★★

❶ 二酸化炭素

●発生方法…石灰石や貝殻などに**うすい塩酸**を加える。

丸暗記 石灰石、大理石、貝殻などの主成分は炭酸カルシウムである。

●集め方…**下方置換法**（水に溶けやすく、空気より密度が大きい気体）、または水上置換法

❷ 酸素

●発生方法…二酸化マンガンにうすい**過酸化水素水**を加える。

丸暗記 二酸化マンガンは、自分自身は変化せず、触媒としてはたらく。

●集め方…**水上置換法**（水に溶けにくい気体）

❸ 水素

●発生方法…金属と**酸**を反応させる。

●集め方…水上置換法

❹ アンモニア

●発生方法…**塩化アンモニウムと水酸化カルシウム**の混合物を加熱する。

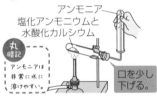

丸暗記 アンモニアは非常に水に溶けやすい。

口を少し下げる。

●集め方…**上方置換法**（水に溶けやすく、空気より密度が小さい気体）

知っておきたい 気体の集め方は、まずは水に溶けるか溶けないか、次に、空気より密度が大きいか小さいかで決める。

最重要事項 暗記

はち**みつ**は　　品質が
　　密度　　　　　質量

わりと大切
÷　　体積

品質がわりと大切

$$密度 [g/cm^3] = \frac{物質の質量 [g]}{物質の体積 [cm^3]}$$

part
1

物理

part
2

化学

part
3

生物

part
4

地学

part
5

まとめ

入試直前確認テスト

次の問いに答えなさい。また，（　）にあてはまる語句を答えなさい。

- □ ❶ 右の気体の集め方をそ
れぞれ何というか。

- □ ❷ 次の気体①〜④の集め
方を❶のア〜ウから選べ。

①水素　②アンモニア　③酸素　④二酸化炭素（2つ）

- □ ❸ 次の化学反応によって発生する気体名を答えよ。
①石灰石にうすい塩酸を加える。
②二酸化マンガンにうすい過酸化水素水を加える。
③亜鉛にうすい塩酸を加える。
④塩化アンモニウムと水酸化カルシウムの混合物を加熱する。

- □ ❹ 次の物質を①有機物と②無機物に分けよ。

ア砂糖　イ食塩　ウプラスチック　エガラス　オろう

- □ ❺ 体積 4 cm^3，質量 20 g の物質の密度を求めよ。

- □ ❻ 体積 12 cm^3，密度 8 g/cm^3 の物質の質量を求めよ。

- □ ❼ 氷（0.9 g/cm^3）を①水（1 g/cm^3）に入れると浮くか，沈むか。また②
エタノール（0.8 g/cm^3）にはどうか。

- □ ❽ 右図で，炎の色がオレンジ色であったので，ねじ
（①　　）を（②　　）の方向に回した。

- □ ❾ 右図で，炎の大きさが大きすぎたので，ねじ
（①　　）を（②　　）の方向に回した。

- □ ❿ 右図のねじ a，ねじ b の名称を答えよ。

解答 ❶ ア下方置換法　イ上方置換法　ウ水上置換法　❷ ①ウ
②イ　③ウ　④ア，ウ　❸ ①二酸化炭素　②酸素　③水素
④アンモニア　❹ ①ア，ウ，オ　②イ，エ　❺ 5 g/cm^3
❻ 96 g　❼ ①浮く　②沈む　❽ ①a　②X
❾ ①b　②Y　❿ a−空気調節ねじ　b−ガス調節ねじ

10. 水溶液, 物質の状態変化　1年

📎 図解チェック

① 水溶液と質量パーセント濃度 ★★

砂糖を入れる　　砂糖の粒子が水の中に散る　　全体が一様になる → 水溶液（溶媒が水の場合）

水（溶媒）

砂糖（溶質）の結晶　　砂糖の粒子　　粒子は見えない。

Check!
色があっても向こうが透けて見えると透明といい, 水溶液である。

丸暗記 物質を溶かしている液体を溶媒, 溶けている物質を溶質という。

知っておきたい
$$質量パーセント濃度〔\%〕 = \frac{溶質の質量〔g〕}{溶媒の質量〔g〕 + 溶質の質量〔g〕} \times 100$$
$$= （溶液の質量〔g〕）$$

② 溶解度 ★★★

丸暗記 一定量の水に物質が限度まで溶けた状態を飽和といい, 飽和の状態にある水溶液を飽和水溶液という。

100 g の水で飽和水溶液をつくるときに必要な溶質の質量を溶解度という。溶解度は, 物質によって決まっており, 水温によって変化する。

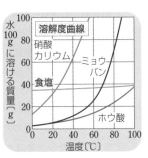

溶解度曲線

硝酸カリウム　ミョウバン　食塩　ホウ酸

水100 g に溶ける質量〔g〕

温度〔℃〕

水温による溶解度の変化をグラフにしたものを溶解度曲線という。

③ 結晶と再結晶 ★★

純粋な物質からできていて物質特有の規則正しい形をした固体を結晶という。水溶液から再び結晶をとり出す操作を再結晶という。

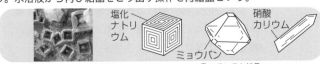

塩化ナトリウム　　硝酸カリウム

ミョウバン

🔺 食塩（塩化ナトリウム）の結晶　　🔺 いろいろな結晶

● 状態変化と温度の関係を理解しておく。
● 沸点の違いを利用した蒸留のしかたをおさえておく。

part 1 物理
part 2 化学
part 3 生物
part 4 地学
part 5 まとめ

④ 状態変化と質量・体積・密度 ★★★

❶ 状態変化と密度…物質が状態変化するとき，質量は**変化しない**が，体積は変化する。

密度＝質量÷体積で表されるので，状態変化により密度も変化する。

❷ 一般に，一定の質量の物質が状態変化するとき，

体積は，固体＜液体＜気体 の順に**大きく**なる。

密度は，固体＞液体＞気体 の順に**小さく**なる。

> 水は液体のときにいちばん密度が大きくなるんだね。

> **Check!**
> 水が状態変化するとき，
> 体積は，液体＜固体＜気体 の順に大きくなる。
> 密度は，液体＞固体＞気体 の順に小さくなる。

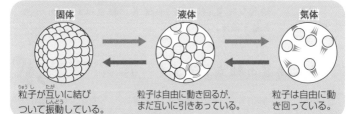

| 固体 | 液体 | 気体 |

粒子が互いに結びついて振動している。

粒子は自由に動き回るが，まだ互いに引きあっている。

粒子は自由に動き回っている。

▲ 状態変化のモデル

> **知っておきたい** 状態変化では，どんな状態でも**質量**は変わらない。

⑤ 水の状態変化と温度 ★★

❶ 融点…氷がとけ始めて，とけ終わるまでは温度が0℃のまま変化しない。この温度を融点という。

❷ 沸点…水が沸騰し始めてから，全部気体になるまでは温度が100℃のまま変化しない。この温度を沸点という。

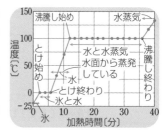

⑥ 混合物と純粋な物質の沸点と蒸留 ★★

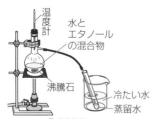

▲蒸留装置

▲混合物と純粋な物質の温度変化

❶ 蒸留…液体を沸騰させて気体にし，気体を冷やして再び液体にする方法。

❷ 蒸留と液体の分離…エタノールを加熱すると，沸点は一定であるが，水とエタノールを混合した液体を加熱すると，沸点は一定にはならない。水とエタノールの混合物の場合，初めはエタノールが多く混じった気体が出てくる。それらを冷やして液体にし，蒸留することで分離できる。

知って
おきたい

純粋な物質（純物質）の沸点，融点はそれぞれ一定の値を示す。

⑦ 主な物質の融点と沸点 ★

物質によって融点と沸点は
違うんだね。

物質	融点〔℃〕	沸点〔℃〕	物質	融点〔℃〕	沸点〔℃〕
エタノール	−114.5	78.3	パラジクロロベンゼン	54.0	174.1
水銀	−38.8	356.7	アルミニウム	660.3	2519
水	0	100.0	鉄	1538	2862

注 表の見方：例えば鉄は1538℃まで固体の鉄，1538〜2862℃までが液体の鉄，2862℃より温度が高いと気体の鉄になる。

最重要事項
暗記

$$\frac{水100に}{100\,gの水}$$
溶解度

溶ける限度は
溶ける限度の量

100gの水に溶かすことができる
限度の量（質量）を溶解度という。

part
1
物理

part
2
化学

part
3
生物

part
4
地学

part
5
まとめ

入試直前確認テスト

次の問いに答えなさい。また，（　）にあてはまる語句を答えなさい。

□ ❶ 質量パーセント濃度を表す下の式を完成させよ。

$$濃度〔\%〕=\frac{（①　　）の質量〔g〕}{（②　　）の質量〔g〕}×100$$

$$=\frac{（③　　）の質量〔g〕}{溶質の質量〔g〕+（④　　）の質量〔g〕}×100$$

□ ❷ 水 180 g に食塩 20 g を溶かすと質量パーセント濃度は何 % になるか。

□ ❸ 質量パーセント濃度が 25 % の食塩水 100 g をつくるには，水は何 g 必要か。

□ ❹ ある温度で，水 100 g に物質を溶かすとき，溶かすことができる最大量を何というか。

□ ❺ ❹のときの水溶液を何というか。

□ ❻ 物質が固体，液体，気体に変化することを何というか。

□ ❼ ろうが固体から液体に変化するとき①体積，②質量，③密度はそれぞれ大きくなるか，小さくなるか，変わらないか。

□ ❽ 固体が液体になるときの温度を何というか。

□ ❾ 液体に混ざっている固体は，どのような方法で分けるか。

□ ❿ 多量の物質を溶かした高温の液体の温度を下げると，溶けきれないで固体が出てくる。このことを何というか。

□ ⓫ 複数の液体の混合物から，沸点の違いを利用して純粋な物質をとり出すことを何というか。

□ ⓬ 密度 0.9 g/cm³ の氷 100 cm³ に熱を加えて水にしたとき，水の①質量と②体積を求めよ。ただし，水の密度は 1 g/cm³ とする。

- -

解答 ❶ ①溶質　②溶液　③溶質　④溶媒　❷ 10 %
❸ 75 g　❹ 溶解度　❺ 飽和水溶液　❻ 状態変化
❼ ①大きくなる。　②変わらない。　③小さくなる。　❽ 融点
❾ ろ過　❿ 再結晶　⓫ 蒸留　⓬ ①90 g　②90 cm³

11. 化学変化と原子・分子 `2年`

月　　日

📎 図解チェック

① 原子の性質 ★

❶ すべての物質は**原子**からできている。

❷ これ以上分割できない。

❸ 化学変化では，別の種類の原子に変化しない。

❹ 化学変化では，新しく生じたり，消滅したりしない。

原子はとっても小さいんだよ！

分割できない	新しく生まれない	種類により,大きさ,質量が異なる
変わらない	消滅しない	鉄　　　　金

❺ 原子の種類を元素といい，**元素記号**で表す。

❻ 原子は種類により，質量が決まっている。

② 分子の性質 ★★

❶ 原子がいくつか結合して**分子**をつくる。

❷ 分子が集まって物質になるものがある。

❸ 分子を原子に分けると，物質の性質を失う。

ただし，分子をつくらない物質（常温で固体のものに多い）もある（金属類）。

水素 酸素 窒素
酸素 水素 窒素 酸素 炭素
水 アンモニア 二酸化炭素

③ 化学式 ★★★

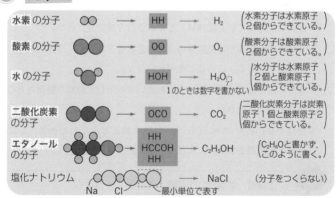

水素 の分子	○○ →	HH →	H_2	(水素分子は水素原子2個からできている。)
酸素 の分子	○○ →	OO →	O_2	(酸素分子は酸素原子2個からできている。)
水 の分子	→	HOH →	H_2O	(水分子は水素原子2個と酸素原子1個からできている。)

1のときは数字を書かない

二酸化炭素 の分子	→	OCO →	CO_2	(二酸化炭素分子は炭素原子1個と酸素原子2個からできている。)
エタノール の分子	→	HH HCCOH HH →	C_2H_5OH	(C_2H_6Oと書かず,このように書く。)
塩化ナトリウム	○○○○○ →		NaCl	(分子をつくらない)

Na　Cl──最小単位で表す

知っておきたい 化学式の右下の数字は，直前の原子の個数を表す。

④ 化学反応式の書き方 ★★★

❶ ─→ の左辺には反応させる物質,
　右辺には反応後に生成する物質を
　書く。

❷ 左右の物質を化学式で表す。

❸ 左右の原子の種類と数を調べる。

❹ 左右それぞれで，原子の種類と数
　が等しくなるように係数をつける。

入試で注意

Q 次の化学反応式を完成させよ。
$C + O_2 \longrightarrow (\quad)$
$CH_4 + 2O_2 \longrightarrow CO_2 + (\quad)$
$Zn + 2HCl \longrightarrow ZnCl_2 + (\quad)$
↓
A CO_2, $2H_2O$, H_2

● 水素と酸素が結びつくと水ができる。
　　水素＋酸素 ─→ 水
　　　　　↓
● 左辺と右辺の物質を化学式で表す。
　　$H_2 + O_2 \longrightarrow H_2O$
　　　　　↓
● 左辺と右辺の原子の種類と数を調べる。
　（左辺）**水素原子2** （右辺）**水素原子2**
　　　　酸素原子2 　　　　**酸素原子1**
　　　　　↓
● 酸素原子の数をそろえるために，右辺
　にH_2Oを1個ふやす。
　　$H_2 + O_2 \longrightarrow H_2O, H_2O$
　　　　　↓
● 左右で水素原子をそろえるために，
　左辺にH_2を1個ふやす。
　　$H_2, H_2 + O_2 \longrightarrow H_2O, H_2O$
　　　　　↓
● 同じ分子をまとめて式を完成させる。
　　$2H_2 + O_2 \longrightarrow 2H_2O$
　　係数　係数1はつけない

▲ 水の合成の化学反応式のつくり方

⑤ 物質が結びつく化学反応 ★★

鉄と硫黄が結びつくと，硫化鉄ができる。($Fe + S \longrightarrow FeS$)

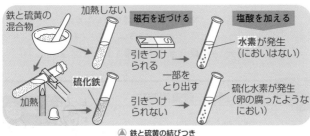

▲ 鉄と硫黄の結びつき

知っておきたい 2つ以上の物質から1つの新しい性質の物質ができる化学変化によってできた物質を化合物という。

part 1 物理
part 2 化学
part 3 生物
part 4 地学
part 5 まとめ

⑥ 炭酸水素ナトリウムの熱分解 ★★★

炭酸水素ナトリウム $\xrightarrow{\text{熱分解}}$ 炭酸ナトリウム ＋ 水 ＋ 二酸化炭素

$$2NaHCO_3 \longrightarrow Na_2CO_3 + H_2O + CO_2$$

Ⓐ炭酸水素ナトリウム ⟹ Ⓑ炭酸ナトリウム

水がつく

二酸化炭素の発生

石灰水が白濁

入試で注意

Ｑ 左の粉末ⒶとⒷはともに白い粉末であるがどのように見分けるか。
↓
Ａ (例)水に溶かして、フェノールフタレイン液を入れると炭酸ナトリウムの方が濃い赤色になる。

知っておきたい 1種類の物質が2種類以上の物質に分かれる変化を分解という。

⑦ 酸化銅の還元 ★★

❶ 化学反応のようす

酸化銅 ＋ 炭素 ⟶ 銅 ＋ 二酸化炭素

❷ 化学反応式

$$2CuO + C \longrightarrow 2Cu + CO_2$$

● 水素で還元する方法もある。

$$CuO + H_2 \longrightarrow Cu + H_2O$$

酸化銅と炭素

二酸化炭素

Check!
酸化と還元は必ず同時に起こる。

知っておきたい

酸化 … 物質が酸素と結びつくこと。酸化物ができる。

還元 … 酸化物から酸素を奪う化学変化。

最重要事項 暗記

酸化・還元 酸素同時に

とり合いし
とり，とられる

酸化は酸素と結びつく反応，還元は酸素を奪う反応で同時に起こる。

入試直前確認テスト

次の問いに答えなさい。また，( )にあてはまる語句を答えなさい。

□ ❶ 次の物質の化学式を書け。

①水素　②塩素　③炭素　④酸素　⑤塩酸　⑥塩化ナトリウム

⑦酸化銀　⑧炭酸水素ナトリウム　⑨水酸化ナトリウム　⑩銅

⑪塩化銅　⑫アンモニア　⑬亜鉛　⑭鉄　⑮硫黄　⑯硫酸

□ ❷ ❶の中から単体をすべて選び，①〜⑯の番号で答えよ。

□ ❸ 次の化学反応式の( )にあてはまる化学式を書け。

$$2NaHCO_3 \longrightarrow Na_2CO_3 + (\quad\quad) + H_2O$$

□ ❹ 水の電気分解を表す化学反応式を書け。

□ ❺ 物質の最小の単位は(①　　)である。また，物質の性質を失わない最小の粒子を(②　　)という。

□ ❻ 次の物質の中で❺の②をつくらないものを，すべて選べ。

㋐水　㋑水素　㋒塩化ナトリウム　㋓酸化銀　㋔銀

□ ❼ 鉄と硫黄の化学変化では，混合物の上端が赤くなり始めたら加熱をやめても反応は続いた。この理由は「反応するときに( )が発生し，その( )によって反応が続いたから。」である。

鉄粉と硫黄の粉末の混合物
脱脂綿

□ ❽ ❼の化学反応式を書け。

□ ❾ 物質が①酸素と結びつくことを何というか。また②酸化物から酸素を奪う化学変化を何というか。

解答　❶ ① H_2　② Cl_2　③ C　④ O_2　⑤ HCl　⑥ NaCl　⑦ Ag_2O

⑧ $NaHCO_3$　⑨ NaOH　⑩ Cu　⑪ $CuCl_2$　⑫ NH_3

⑬ Zn　⑭ Fe　⑮ S　⑯ H_2SO_4

❷ ①，②，③，④，⑩，⑬，⑭，⑮　❸ CO_2

❹ $2H_2O \longrightarrow 2H_2 + O_2$　❺ ①原子　②分子　❻ ウ，エ，オ

❼ 熱　❽ $Fe + S \longrightarrow FeS$　❾ ①酸化　②還元

12. 化学変化と熱・質量 [2年]

月 日

図解チェック

① 化学変化と熱の発生 ★★

❶ 化学変化のうち，熱を発生させる反応を，**発熱反応**という。

❷ 酸化カルシウムと水の反応

酸化カルシウム ＋ 水 ⟶ 水酸化カルシウム ＋熱

● **携帯用かいろ**（発熱反応の利用
例）…活性炭（炭素）と鉄粉，食塩
水を加えてよくかき混ぜると発熱
するという原理が用いられてい
る。かいろを開封すると空気中の
酸素と鉄が結合しておだやかな酸
化が起こり，酸化鉄が生じる。この
化学変化によって熱を発生する。

◎ 発熱反応

> Check!
> 鉄粉が空気中の酸素と結びつい
> て，熱が発生。

② 化学変化と熱の吸収 ★

❶ 化学変化のうち，熱を吸収する反応を，**吸熱反応**という。

❷ アンモニアの発生

塩化アンモニウム ＋ 水酸化バリウム ⟶ アンモニア ＋ 塩化バリウム ＋ 水 ー熱

◎ 吸熱反応

> Check!
> アンモニアが発生して，周囲の
> 熱を吸収する。

● **瞬間冷却パック**（吸熱反応の利用例）…物質が水に溶けるときにも熱が
出入りする。瞬間冷却パックには，水が入った袋と硝酸アンモニウム
が入っている。パックを強くたたくと中の袋が破れ，硝酸アンモニウ
ムが水に溶ける。このとき，熱を吸収する。

> 知って
> おきたい　発熱反応は熱を発生させ，吸熱反応は熱を吸収する。

得点 UP!

● 発熱反応・吸熱反応の性質と使われ方をおさえておく。
● 質量保存の法則を理解しておく。

③ 質量保存の法則 ★★

❶ フラスコ内のマグネシウムの燃焼…マグネシウムと酸素を密閉した状態で反応させると，反応後も全体の質量は変化しない。

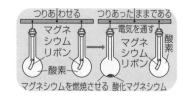

つりあわせる　　つりあったままである

マグネシウムリボン　酸素
マグネシウムを燃焼させる　酸化マグネシウム

❷ 気体が発生する反応…容器を密閉した状態で反応を起こせば，反応後も全体の質量は変化しない。

小さな容器にうすい塩酸
石灰石
反応前のつりあい

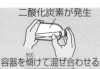

二酸化炭素が発生
容器を傾けて混ぜ合わせる

反応後のつりあい

知っておきたい　化学変化の前後で，物質全体の質量は変化しない。これを質量保存の法則という。

④ 沈殿ができる反応 ★★

うすい硫酸にうすい水酸化バリウム水溶液を加えると，硫酸バリウムという白い沈殿ができるが，反応前の水溶液の質量の和と，反応後の水溶液と沈殿の和は等しい。沈殿ができる反応は，密閉した容器内での反応と同じで，反応でできた物質が外に逃げない。よって，反応の前後で全体の質量は変化しない。これは，その他の沈殿ができる反応でも同じである。

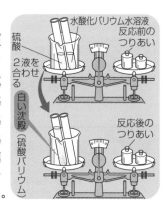

硫酸
2液を合わせる
白い沈殿（硫酸バリウム）
水酸化バリウム水溶液
反応前のつりあい
反応後のつりあい

知っておきたい　沈殿ができる反応でも，密閉容器内での反応と同じように反応の前後で全体の質量は変化しない。

part 1 物理
part 2 化学
part 3 生物
part 4 地学
part 5 まとめ

⑤ 金属と反応した酸素の質量の割合 ★★★

❶ 質量保存の法則を使って，反応した酸素の質量を求めることができる。

酸化物の質量－反応前の金属の質量＝反応した酸素の質量

❷ 金属の酸化物中の金属の質量と酸素の質量の比は，一定の値を示す。

❸ 下の図のグラフより，マグネシウムの質量の割合が 3 に対して，反応した酸素の質量の割合は 2 である。

❹ 下の図のグラフより，銅の質量の割合が 4 に対して，反応した酸素の質量の割合は 1 である。

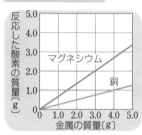

Check!

● マグネシウム ＋ 酸素 ⟶ 酸化マグネシウム

$2Mg + O_2 \longrightarrow 2MgO$

$3.0g + 2.0g = 5.0g$

● 銅 ＋ 酸素 ⟶ 酸化銅

$2Cu + O_2 \longrightarrow 2CuO$

$4.0g + 1.0g = 5.0g$

❺ 同じ質量の酸素と反応するマグネシウムと銅の質量の割合は，

マグネシウム：銅＝3：8

である。

結びつく酸素の割合は一定だよ。

知っておきたい

化学変化の物質の質量は，比例の関係にある。

マグネシウム：酸素＝3：2

銅：酸素＝4：1

最重要事項 暗記

反応の 前後で
化学反応

質量 保存され
質量保存の法則

化学反応の前後で，物質の質量の総和は変わらないことを質量保存の法則という。

質量は変化ない！

入試直前確認テスト

次の問いに答えなさい。また，（　）にあてはまる語句を答えなさい。

□ ❶ 次の物質を密閉せずに，空気中で燃焼させたとき，燃焼後の質量は燃焼前の質量と比べてどうなるか。㋐ふえる，㋑変わらない，㋒減る，の記号で答えよ。
①スチールウール
②木炭
③プラスチック

□ ❷ 炭酸水素ナトリウムを密閉することなく熱すると，加熱後は質量が小さくなる。このようになる理由は，熱したときにできる（①　　）と（②　　）が逃げたからである。

□ ❸ 使い捨てかいろのように熱が発生する化学変化を（①　　）反応といい，塩化アンモニウムと水酸化バリウムの化学変化のように熱を吸収する化学変化を（②　　）反応という。

□ ❹ 1 g の銅を完全に酸化させると1.25 g の酸化銅ができる。このとき反応した酸素は何 g か。

□ ❺ ❹で，銅とできた酸化銅の質量の割合は何：何か。

□ ❻ ❹で，銅と酸素の質量の割合は何：何か。

□ ❼ ❺の結果より，10.0 g の酸化銅を十分な炭素で還元させたとき，何 g の銅ができるか。

□ ❽ 1.2 g のマグネシウムを完全に酸化させると，2.0 g の酸化マグネシウムができる。このとき反応した酸素は何 g か。

□ ❾ ❽で，反応するマグネシウムと酸素の質量の割合は何：何か。

□ ❿ 水素分子 100 個と酸素分子 100 個から，水分子が（①　　）個でき，（②　　）分子が（③　　）個残る。

- -

解答　❶ ①ア　②ウ　③ウ　❷ ①，②水蒸気(水)，二酸化炭素
❸ ①発熱　②吸熱　❹ 0.25 g　❺ 4：5　❻ 4：1　❼ 8.0 g
❽ 0.8 g　❾ 3：2　❿ ①100　②酸素　③50

12　化学変化と熱・質量

13. 電気分解 と イオン

📎 図解チェック

① イオンの表し方 ★★

❶ 電気を帯びた原子のことを**イオン**といい，
＋の電気を帯びたイオンを**陽イオン**，−
の電気を帯びたイオンを**陰イオン**という。

❷ イオンは，原子の記号(元素記号)の右上
にイオンが帯びている電気の符号(＋か−
か)を小さく書いて表す。

丸暗記

イオンの表し方
電気の符号
H^+　Cl^-
元素記号
水素イオン　塩化物イオン

丸暗記
●陽イオンの例…Na^+(ナトリウムイオン)　Ca^{2+}(カルシウムイオン)
　　　　　　　Cu^{2+}(銅イオン)　Mg^{2+}(マグネシウムイオン)
●陰イオンの例…OH^-(水酸化物イオン)　CO_3^{2-}(炭酸イオン)
　　　　　　　SO_4^{2-}(硫酸イオン)

知っておきたい　OH^-(水酸化物イオン)，SO_4^{2-}(硫酸イオン)などは，
2個以上の原子でできているイオンである。

② イオンのでき方のモデル ★★

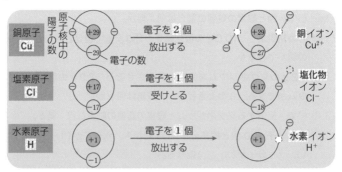

銅原子 Cu | 原子核中の陽子の数 | 電子を2個放出する | 銅イオン Cu^{2+}
電子の数

塩素原子 Cl | 電子を1個受けとる | 塩化物イオン Cl^-

水素原子 H | 電子を1個放出する | 水素イオン H^+

知っておきたい　原子は電子を受けとったり放出したりすることによって
イオンになる。

得点 UP!
● さまざまな物質のイオンの表し方を覚えておく。
● 電気分解をしたときの陽極と陰極の変化をおさえる。

③ 電気分解 ★★★

塩化銅水溶液は
青色をしているよ。

❶ 塩化銅水溶液の電気分解

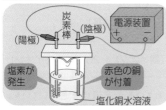

炭素棒
(陽極) (陰極)
電源装置
塩素が発生
赤色の銅が付着
塩化銅水溶液

$CuCl_2 \longrightarrow Cu + Cl_2$
塩化銅　　銅　　塩素
　　　　(陰極)(陽極)

Check!
電気分解が進むと Cu^{2+} が少なくなるため、水溶液の青色はうすくなる。

❷ 塩酸(塩化水素の水溶液)の電気分解

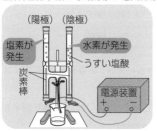

(陽極) (陰極)
塩素が発生
水素が発生
うすい塩酸
炭素棒
電源装置

$2HCl \longrightarrow H_2 + Cl_2$
塩化　　水素　塩素
水素　(陰極)(陽極)

Check!
発生する水素と塩素の体積は同量であるが、塩素は水に溶けやすいため、捕集できる量は水素よりも少ない。

④ 電解質と非電解質 ★★

水に溶かすとその水溶液に電流が流れる物質を電解質という。

水に溶かしてもその水溶液に電流が流れない物質を非電解質という。

固体のとき→電気を通さない

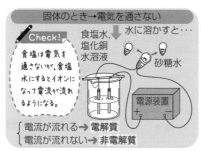

Check!
食塩は電気を通さないが、食塩水にするとイオンになって電流が流れるようになる。

食塩水 水に溶かすと…
塩化銅水溶液
砂糖水
電源装置

電流が流れる → 電解質
電流が流れない → 非電解質

丸暗記
● 電解質
食塩(塩化ナトリウム)、塩化水素、塩化銅、硫酸、硫酸銅、水酸化ナトリウム、水酸化カルシウムなど

● 非電解質
砂糖、ブドウ糖、エタノールなどの有機物

⑤ 電離とそのようす★★★

❶ 電離…電解質が水に溶けて，陽イオンと陰イオンに分かれることを電離という。

❷ 電離のようすの表し方…電離しているようすは，**イオン**の化学式で表すことができる。

水溶液中全体では，＋の電気量と−の電気量は等しい。

❸ いろいろな水溶液と電離を表す式

● 塩化銅水溶液：$CuCl_2 \longrightarrow Cu^{2+}$（銅イオン）＋ $2Cl^-$（塩化物イオン）

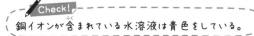

> **Check!**
> 銅イオンが含まれている水溶液は青色をしている。

● 食塩水（塩化ナトリウム水溶液）：

$$NaCl \longrightarrow Na^+（ナトリウムイオン）＋ Cl^-（塩化物イオン）$$

● 塩酸：$HCl \longrightarrow H^+$（水素イオン）＋ Cl^-（塩化物イオン）

● 硫酸：$H_2SO_4 \longrightarrow 2H^+$（水素イオン）＋ SO_4^{2-}（硫酸イオン）

● 水酸化ナトリウム水溶液：

$$NaOH \longrightarrow Na^+（ナトリウムイオン）＋ OH^-（水酸化物イオン）$$

● 水酸化バリウム水溶液：

$$Ba(OH)_2 \longrightarrow Ba^{2+}（バリウムイオン）＋ 2OH^-（水酸化物イオン）$$

● アンモニア水（水酸化アンモニウム水溶液）：

$$NH_4OH \longrightarrow NH_4^+（アンモニウムイオン）＋ OH^-（水酸化物イオン）$$

> **知っておきたい**
> 電解質は，水に溶かすと陽イオンと陰イオンに分かれ，電流を流すようになる。

最重要事項 暗記

塩さんは　水筒もって
塩酸　　　　　水素

遠足に
塩素

塩酸（塩化水素）の電気分解

塩酸 ⟶ 水素 ＋ 塩素

遠足だ～

part
1
物理

part
2
化学

part
3
生物

part
4
地学

part
5
まとめ

 入試直前確認テスト

次の問いに答えなさい。また，（ ）にあてはまる語句を答えなさい。

□ ❶ 水に溶かすとその水溶液に電流が流れる物質を何というか。

□ ❷ ❶が水に溶け，陽イオンと陰イオンに分かれることを何というか。

□ ❸ 水に溶かしても電流が流れない物質を何というか。

□ ❹ 図のように，うすい塩酸を電気分解した。
   ①塩化水素が電離しているようすを化学反応式で表せ。
   ②陽極，陰極から発生する気体はそれぞれ何か。
   ③このときの化学反応式を書け。
   ④電子は⑦，④のどちらの向きに移動するか。

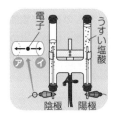

□ ❺ 右図のように，炭素棒を電極として塩化銅水溶液を電気分解した。
   ①塩化銅水溶液は何色か。
   ②塩化銅が水に溶けて電離するようすを化学反応式で表せ。
   ③電気分解の化学反応式を書け。
   記述④電極Aではどのような変化があったか。
   ⑤電極Bでは，（ a ）が電極に（ b ）をわたして（ c ）原子になる。

□ ❻ 水酸化ナトリウム水溶液を電気分解すると，陽極，陰極にはどのような気体が発生するか。それぞれ書け。

解答 ❶ 電解質 ❷ 電離 ❸ 非電解質 ❹ ① $HCl \longrightarrow H^+ + Cl^-$
②陽極－塩素 陰極－水素 ③ $2HCl \longrightarrow H_2 + Cl_2$ ④イ
❺ ①青色 ② $CuCl_2 \longrightarrow Cu^{2+} + 2Cl^-$ ③ $CuCl_2 \longrightarrow Cu + Cl_2$
④銅が付着した。 ⑤ a －塩化物イオン b －電子 c －塩素
❻ 陽極－酸素 陰極－水素

14. 化学変化と電流の発生　3年

月　　日

📎 図解チェック

① 電池（化学電池）のしくみ ★★★

❶ 電池…電解質の水溶液に2種類の金属を入れ，それを電極にし，回路をつくると電流が流れる。このようなものを化学電池または電池といい，次のようにしてエネルギーが変換されている。

化学エネルギー

$$\xrightarrow[\text{（電池）}]{\text{化学変化}} \text{電気エネルギー}$$

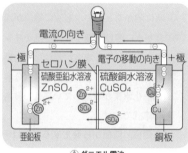

▲ダニエル電池

❷ ダニエル電池…銅板と亜鉛板，2種類の電解質の水溶液を使用した電池。2種類の水溶液はセロハン膜や素焼きの容器など，イオンが通る小さな穴のあいたもので仕切られている。それぞれの極では次のような反応が起こっている。

● −極…亜鉛は電子を放出して亜鉛イオンになる。電子は銅板に移動する。

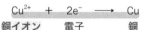

$$Zn \longrightarrow Zn^{2+} + 2e^-$$

亜鉛　　亜鉛イオン　　電子

● ＋極…硫酸銅水溶液中の銅イオンが亜鉛板から出た電子を受けとり，銅原子になって銅板に付着する。

$$Cu^{2+} + 2e^- \longrightarrow Cu$$

銅イオン　　電子　　　銅

丸暗記

イオンへのなりやすさをイオン化傾向といい，イオンになりやすいものから順に
$Na > Mg > Zn > Fe > (H_2) > Cu > Ag > Au$ となっている。

知っておきたい　銅と亜鉛では，亜鉛のほうがイオンになりやすいので，亜鉛板のほうが−極になる。

得点 ⬆ UP!
● 電池の電極でのイオンのやりとりや生成物を理解する。
● 燃料電池のしくみを理解する。

② 乾電池のしくみ★

● ＋極(正極)…炭素棒
● －極(負極)…亜鉛

　電池の両極を導線でつなぐと亜鉛の原子がイオンになり、残った電子が－極から＋極へと移動することにより、電流が流れる。

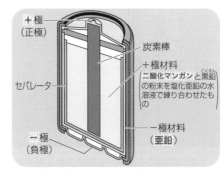

＋極
(正極)

炭素棒

＋極材料
二酸化マンガンと黒鉛の粉末を塩化亜鉛の水溶液で練り合わせたもの

セパレータ

－極材料
(亜鉛)

－極
(負極)

知っておきたい
乾電池のしくみも化学電池と同じであるが、電流を流そうとするはたらき(起電力)が下がることのないような工夫がされている。

③ 鉛蓄電池のしくみ★

　はたらかなくなった電池に外から電流を流し、逆向きの化学変化を起こさせることによって、電池をもとの状態にもどし、くり返し使うことができるようにつくられたものを蓄電池(二次電池)という。電解質の水溶液には、うすい硫酸を用いる。

　主に自動車のバッテリーとして用いられる。

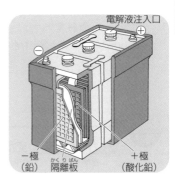

電解液注入口

－極
(鉛)

隔離板

＋極
(酸化鉛)

⚡ 入試で注意

Q 二次電池とは何か。 → → → A (例)充電してくり返し使える電池。

④ 燃料電池のしくみ ★★

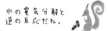
水の電気分解と
逆の反応だね。

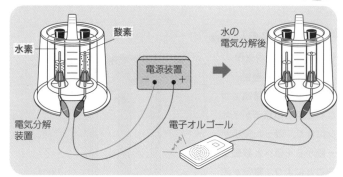

❶ 燃料電池…水の**電気分解**とは逆の化学変化を利用する電池。水素，酸素がもつ化学エネルギーを電気エネルギーとしている。

❷ 燃料電池のしくみ…水の電気分解後に電源装置をはずし，電子オルゴールをつけると電流が流れ音が出る。これは，電気分解装置の中で**水素**と酸素が反応して**水**ができ，**電気エネルギー**が発生したからである。

$$2H_2 + O_2 \longrightarrow 2H_2O + 電気エネルギー$$
水素　　　酸素　　　　　水

知って
おきたい

燃料電池では，反応によって水だけが生じ有害な物質を出さないため，環境に悪影響を与えることの少ないクリーンエネルギーとして期待されている。

最重要事項
暗記

力がくると　変だと思う
化学　　　　変化

あすの天気
電気

化学電池では，化学変化を利用して，電気エネルギーをとり出している。

プーン
晴れ？雨？
それとも…

入試直前確認テスト

次の問いに答えなさい。また，（　）にあてはまる語句を答えなさい。

□ ❶ 右図のように，うすい硫酸など
の電解質の水溶液に2種類の金
属を入れると，（①　　）エネル
ギーをとり出すことができる。

このような（②　　）エネルギーを（①　）エネルギーに変える装置を
（③　　）という。図の電子オルゴールの＋，－を入れかえるとオル
ゴールは鳴（④　　）。

□ ❷ 次の⑦〜⑨から電気エネルギーをとり出せるものをすべて選べ。

⑦うすい塩酸に銅板と銅板を入れる。

④食塩水に銅板とマグネシウムリボンを入れる。

⑨うすい塩酸に亜鉛板とマグネシウムリボンを入れる。

□ ❸ 右図はダニエル電池の原理を表したも
のである。

①電流の向きは**A**，**B**のどちらか。

②＋極は**X**極，**Y**極のどちらか。

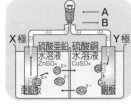

③亜鉛板での変化を電子をe^-で表すと，

$Zn \longrightarrow (a\quad) + 2e^-$ と

なり，銅板での変化は，$(b\quad) + 2e^- \longrightarrow Cu$ となる。

④電極が溶けていくのは，銅板と亜鉛板のどちらか。

⑤銅と亜鉛では，どちらがイオンになりやすいか。

□ ❹ 水素と酸素が反応するときに出る電気エネルギーを利用した電池を
（①　　）という。その化学変化は下の式で表される。

（②　　）　＋　（③　　）　⟶　（④　　）　＋　電気エネルギー

---

❶①電気　②化学　③化学電池（電池）　④らない　❷イ，ウ
❸①A　②Y極　③a－Zn^{2+}　b－Cu^{2+}　④亜鉛板　⑤亜鉛
❹①燃料電池　②，③$2H_2$，O_2　④$2H_2O$

15. 酸・アルカリ・中和

3年

月　日

📎 図解チェック

① 酸の性質（酸性）★★★

❶ 青色リトマス紙を赤色に変える。

❷ BTB液を黄色に変える。

❸ 亜鉛(あえん)やマグネシウムなどの金属と反応し(金属を溶(と)かし)，水素を発生する。

❹ 電気分解すると，陰極(いんきょく)から水素が発生する。

炭酸水やレモン汁は酸性だよ。

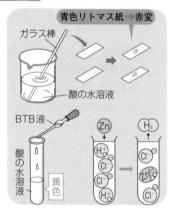

青色リトマス紙→赤変

ガラス棒

酸の水溶液

BTB液

酸の水溶液

黄色

Zn　　　　H₂

H⁺ Cl⁻　　Cl⁻

Cl⁻ H⁺ → Zn²⁺ Cl⁻

H⁺

知っておきたい　酸の水溶液(すいようえき)に共通な性質はすべて水素イオンH⁺のはたらきによる。

② アルカリの性質（アルカリ性）★★★

❶ 赤色リトマス紙を青色に変える。

❷ BTB液を青色に変える。

❸ フェノールフタレイン液を赤色に変える。

丸暗記
●BTB液
酸性↔中性↔アルカリ性
黄↔緑↔青
●フェノールフタレイン液
酸性↔中性↔アルカリ性
無色←——→赤

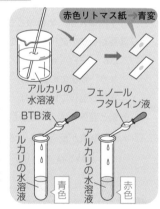

赤色リトマス紙→青変

アルカリの水溶液

BTB液

アルカリの水溶液

青色

フェノールフタレイン液

アルカリの水溶液

赤色

知っておきたい　アルカリの水溶液に共通な性質はすべて水酸化物イオンOH⁻のはたらきによる。

● 酸やアルカリの性質を覚えておく。
● 反応式やイオンを用いて中和が説明できるようにしておく。

③ 中和，中性 ★★

中和は発熱反応
なんだ。

❶ **中和**…酸とアルカリの水溶液を混ぜたとき，酸の水素イオンH^+とアルカリの水酸化物イオンOH^-が結びついて互いの性質を打ち消しあう反応を**中和**という。このとき水(H_2O)が生じる。
中和のとき，熱が発生する。

❷ **中性**…水溶液中にある水素イオンH^+と水酸化物イオンOH^-がともに同じ量だけあるとき，酸性・アルカリ性の両方とも示さなくなる。このような状態を**中性**という。

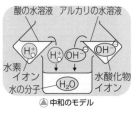
▲ 中和のモデル

知っておきたい

中和	H^+	+	OH^-	⟶	H_2O
	水素イオン		水酸化物イオン		水

④ 中和によってできる物質 ★★

$$HCl + NaOH \longrightarrow NaCl + H_2O$$
塩酸　　水酸化ナトリウム　塩化ナトリウム　水

$$H_2SO_4 + Ba(OH)_2 \longrightarrow BaSO_4 + 2H_2O$$
硫酸　　水酸化バリウム　　硫酸バリウム　　水
　　　　　　　　　　　　　└── 塩 ──┘

丸暗記 塩は酸の陰イオンとアルカリの陽イオンが結びついてできた物質。

塩化ナトリウムのように水に溶ける塩と，硫酸バリウムのように水に溶けにくい塩とがある。

Check!
中和で生じる水以外のものを塩（えん）という。

知っておきたい　酸とアルカリの反応によって塩と水ができる。

⑤ 酸・アルカリの電離 ★★

❶ 酸の電離

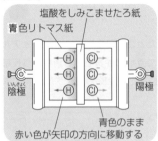

青色リトマス紙
塩酸をしみこませたろ紙
陰極　←(H)　(Cl)→　陽極
赤い色が矢印の方向に移動する
青色のまま

❷ アルカリの電離

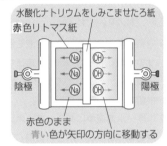

赤色リトマス紙
水酸化ナトリウムをしみこませたろ紙
陰極　←(Na)　(OH)→　陽極
赤色のまま
青い色が矢印の方向に移動する

- 塩酸：$HCl \rightarrow H^+ + Cl^-$
- 硫酸：$H_2SO_4 \rightarrow 2H^+ + SO_4^{2-}$
- 炭酸：$H_2CO_3 \rightarrow 2H^+ + CO_3^{2-}$

- 水酸化ナトリウム：$NaOH \rightarrow Na^+ + OH^-$
- 水酸化カリウム：$KOH \rightarrow K^+ + OH^-$
- 水酸化カルシウム：$Ca(OH)_2 \rightarrow Ca^{2+} + 2OH^-$

⑥ 酸性やアルカリ性の強さの指標 ★

酸性やアルカリ性の強さを表す数値を pH という。一般に，pH の値が 7 より小さくなるほど酸性が強くなり，逆に pH の値が 7 より大きくなるほどアルカリ性が強くなる。

- pH = 7…中性
- pH = 0〜7 未満…**酸性**
- pH = 7 より 14 まで…**アルカリ性**

pH試験紙の色 : 赤〜黄 ← 緑 → 青

最重要事項 暗記

水そうに
H^+

水産物入れると**水**がはね
OH^-　　H_2O

中　和
$H^+ + OH^- \longrightarrow H_2O$

入試直前確認テスト

次の問いに答えなさい。また，（　）にあてはまる語句を答えなさい。

□ ❶ ①酸の水溶液に共通して含まれているイオン，②アルカリの水溶液に共通して含まれているイオン，それぞれのイオン名と化学式を答えよ。

□ ❷ 酸性の水溶液は，（①　）色リトマス紙を（②　）色に，緑色のBTB液を（③　）色にする。また，フェノールフタレイン液は（④　）色のままである。

□ ❸ アルカリ性の水溶液は，（①　）色リトマス紙を（②　）色にし，緑色のBTB液を（③　）色にする。また，フェノールフタレイン液は（④　）色から（⑤　）色に変わる。

□ ❹ 酸とアルカリが互いの性質を打ち消しあう反応を何というか。

□ ❺ ビーカーにうすい塩酸と水酸化ナトリウム水溶液を入れて混ぜ，緑色のBTB液を数滴加えた。塩酸と水酸化ナトリウムのつくるイオンについて，次の問いに答えよ。

　①BTB液が黄色になったとき，ビーカーに入っている液に含まれているイオンをすべて化学式で書け。

　②BTB液が緑色のままのとき，ビーカーに入っている液に含まれているイオンをすべて化学式で書け。

　③BTB液が青色になったとき，ビーカーに入っている液に含まれているイオンをすべて化学式で書け。

　④①のとき，中和したといえるか。

□ ❻ 次の中和反応の化学反応式を書け。

　HCl + NaOH ⟶ （　　）+（　　　）

□ ❼ 中性の水溶液のpHはいくつか。また，pH＝10は酸性かアルカリ性か。

解答 ❶ ①水素イオン，H^+ ②水酸化物イオン，OH^- ❷ ①青 ②赤 ③黄 ④無 ❸ ①赤 ②青 ③青 ④無 ⑤赤 ❹ 中和
❺ ①H^+, Na^+, Cl^- ②Na^+, Cl^- ③OH^-, Na^+, Cl^- ④いえる。
❻ H_2O, $NaCl$（順不同）❼ （順に）7，アルカリ性

月　日

16. 身近な生物，植物のつくり 1年

📎 図解チェック

1 顕微鏡のつくりと使い方 ★★★

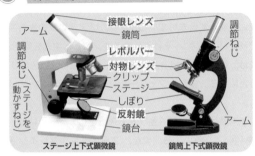

接眼レンズ
鏡筒
アーム
調節ねじ
レボルバー
対物レンズ
クリップ
ステージ
しぼり
反射鏡
鏡台
調節ねじ（ステージを動かすねじ）
調節ねじ
アーム

ステージ上下式顕微鏡　　鏡筒上下式顕微鏡

Check!
顕微鏡で見える像は，上下左右が反対である。
最初は視野が広く明るい低倍率で観察する。

●顕微鏡観察の操作手順

① 視野全体が明るく見えるように**反射鏡**と**しぼり**を調節する。

② **プレパラート**をステージにのせ，横から見ながら対物レンズを近づける。

③ 接眼レンズをのぞきながら調節ねじを回して，対物レンズとプレパラートを少しずつ離していき，ピントを合わせる。

④ 高倍率にしたいときは**レボルバー**を回して対物レンズを交換する。

知っておきたい 倍率＝接眼レンズの倍率×対物レンズの倍率

2 ルーペの使い方 ★★

ルーペを目に近づけて持ち，見るものを前後に動かすか，ルーペを固定したまま顔やからだ全体を前後に動かしてピントを合わせる。

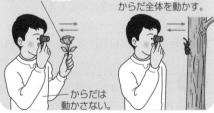

見るものを前後に動かす。ルーペは固定したままからだ全体を動かす。

からだは動かさない。

知っておきたい ルーペは目に近づけて使用する。

③ 被子植物の種子のでき方 ★★

❶ おしべの先には花粉のつまった**やく**という袋がある。めしべの先端を柱頭，根元のふくらんだ部分を**子房**といい，子房の中には**胚珠**がある。

❷ やくでつくられた花粉がめしべの柱頭につくことを**受粉**という。

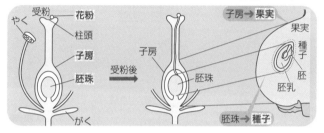

❸ 受粉後，胚珠は種子に，子房は果実になる。

● 胚珠 ⎰ 胚 ⎱ → 種子（マメ科など胚乳の
ない種子もある。）
⎰ 胚乳 ⎱

● 子房 ─────→ 果実

スギやイチョウも
裸子植物だよ。

④ 裸子植物のつくり ★★

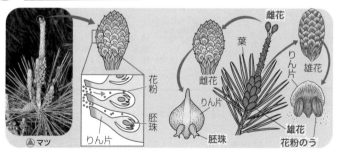

▲マツ

知って
おきたい
被子植物は，胚珠が子房の中にある植物。
裸子植物は，子房がなく，胚珠がむき出しの植物。

part 1 物理
part 2 化学
part 3 生物
part 4 地学
part 5 まとめ

⑤ 植物の分類 ★★★

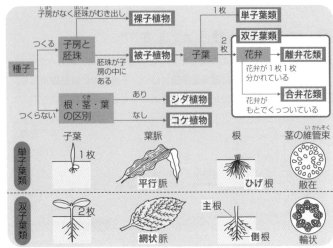

▲単子葉類と双子葉類の特徴

⑥ 種子をつくらない植物のなかま ★

シダ植物（イヌワラビ）

葉

胞子でふえる。

茎
根

地下茎

雌株

仮根

雄株

コケ植物（ゼニゴケ）
胞子でふえる。

仮根

Check!
・シダ植物…根・茎（地下茎）・葉の区別があり、
　簡単なつくりの維管束をもつ。
・コケ植物…根・茎・葉の区別がない。
　からだの表面全体で水分を吸収する。

最重要事項 暗記

シダ と コケ 胞子でふえる
シダ植物　コケ植物

なかまたち

シダ植物とコケ植物は
種子をつくらず胞子でふえる。

なかま

✎ 入試直前確認テスト

次の問いに答えなさい。また，（　）にあてはまる語句を答えなさい。

- □ ❶ 花粉がめしべの柱頭につくことを何というか。
- □ ❷ ❶のあと，胚珠は（①　　　）に，子房は（②　　　）になる。
- □ ❸ 次の図の㋐〜㋓で，ルーペの正しい使い方はどれか。

 ㋐　 ㋑　 ㋒　 ㋓

- □ ❹ 顕微鏡の倍率を上げると視野は（①　　　）なり，明るさは（②　　　）なる。
- □ ❺ 10倍の接眼レンズと40倍の対物レンズを使ったとき，顕微鏡の倍率は何倍か。
- □ ❻ マツやソテツ，イチョウなどの植物をまとめて何というか。
- □ ❼ 右図はマツの雌花と雄花である。AとBの名称を答えよ。
- □ ❽ 右図で，植物Cの葉脈は網状脈というが，植物Dの葉脈を何というか。
- □ ❾ 右図で，植物Dの根をひげ根というが，植物Cは何根と何根というか。
- □ ❿ イヌワラビやゼンマイを（①　　　）植物といい，スギゴケやゼニゴケを（②　　　）植物という。
- □ ⓫ シダ植物には根・茎・葉の区別があるか。
- □ ⓬ 右図はイヌワラビである。E，Fの名称を答えよ。

雌花　A　　雄花　B

	植物C	植物D
葉		
根		

F

E　胞子

解答 ── ❶ 受粉　❷ ①種子　②果実　❸ ㋒　❹ ①狭く　②暗く
❺ 400倍　❻ 裸子植物　❼ A－胚珠　B－花粉のう
❽ 平行脈　❾ 主根と側根　❿ ①シダ　②コケ　⓫ ある
⓬ E－地下茎　F－胞子のう

part 1 物理　part 2 化学　part 3 生物　part 4 地学　part 5 まとめ

part3
生物

17. 動物の分類，行動　1年 2年

図解チェック

① セキツイ動物のからだのつくり ★★★

❶ セキツイ動物（脊椎動物）…背骨をもつ動物をセキツイ動物という。

❷ セキツイ動物の分類…セキツイ動物はさまざまな特徴によって，**魚類・両生類・ハ虫類・鳥類・ホ乳類**に分類できる。

魚類（フナ）　両生類（イモリ）　ハ虫類（ワニ）　鳥類（ニワトリ）　ホ乳類（シカ）

	魚類	両生類	ハ虫類	鳥類	ホ乳類
呼吸のしかた	えら	子…えらと皮膚 親…肺と皮膚	肺	肺	肺
子の生まれ方	卵生	卵生	卵生	卵生	胎生
体表のようす	うろこ	しめった皮膚	うろこ	羽毛	毛

② 無セキツイ動物のからだのつくり ★

❶ 無セキツイ動物（無脊椎動物）…背骨をもたない動物を無セキツイ動物という。

❷ 無セキツイ動物の分類…外骨格をもち，からだが多くの節からできている動物を**節足動物**という。節足動物は**昆虫類，甲殻類**，クモ類などに分類される。二枚貝のなかまやタコやイカなどの**外とう膜**をもつ動物を**軟体動物**という。無セキツイ動物にはほかにも多くの種類の動物が含まれる。

● 昆虫類

触角　複眼　はね
単眼
気門　気管（呼吸）
頭部　胸部　腹部
（△）トノサマバッタ

● 甲殻類

触角
複眼
えら（呼吸）　尾
頭胸部　腹部
（△）イセエビ

● 軟体動物

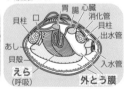

貝柱　口　胃　腸　心臓
消化管
貝柱
出水管
あし
貝殻
えら（呼吸）　入水管
外とう膜
（△）ハマグリ

入試で注意

Q 外とう膜の役割は何か。 → → → **A** （例）内臓を保護する役割。

③ ホ乳類の頭部の骨格 ★★

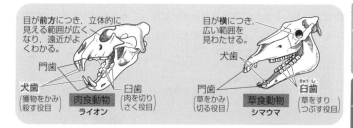

目が**前方**につき，立体的に見える範囲が広くなり，遠近がよくわかる。

門歯

犬歯
（獲物をかみ殺す役目）

臼歯
（肉を切りさく役目）

肉食動物
ライオン

目が**横**につき，広い範囲を見わたせる。

犬歯

門歯
（草をかみ切る役目）

臼歯
（草をすりつぶす役目）

草食動物
シマウマ

④ 動物の分類 ★★★

分類できるようにしておこう！

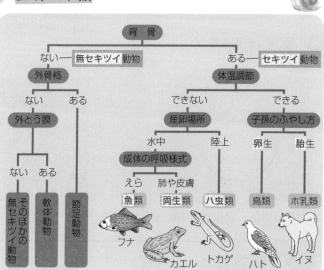

背骨
├── ない ── **無セキツイ**動物
│   └── 外骨格
│   ├── ない
│   │   └── 外とう膜
│   │   ├── ない ── そのほかの無セキツイ動物
│   │   └── ある ── 軟体動物
│   └── ある ── 節定動物
└── ある ── **セキツイ**動物
    └── 体温調節
        ├── できない
        │   └── 産卵場所
        │   ├── 水中
        │   │   └── 成体の呼吸様式
        │   │   ├── えら ── 魚類（フナ）
        │   │   └── 肺や皮膚 ── 両生類（カエル）
        │   └── 陸上 ── ハ虫類（トカゲ）
        └── できる
            └── 子孫のふやし方
                ├── 卵生 ── 鳥類（ハト）
                └── 胎生 ── ホ乳類（イヌ）

知っておきたい

外界の温度にかかわらずつねに体温が一定な**恒温動物**には，鳥類，ホ乳類がある。それ以外は，外界の温度に合わせて体温が変化する**変温動物**である。

⑤ 刺激に反応するしくみ ★★★

❶ 感覚器官で刺激を受けると，感覚神経を通って脳や脊髄に伝えられ，脳でどう反応するか命令が出される。この命令が運動神経を通って運動器官に伝えられ，意識的な反応が起こる。

❷ 反射…熱いやかんにさわり思わず手を引っこめるというように，刺激に対して無意識に起こる反応を**反射**という。反射では脊髄で命令が出される。

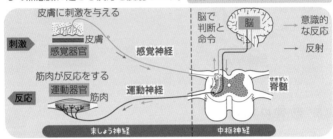

皮膚に刺激を与える
皮膚
感覚器官
刺激
感覚神経

筋肉が反応をする
運動器官　筋肉
反応
運動神経

脳で判断と命令
脳
→ 意識的な反応
→ 反射
脊髄

まっしょう神経　　中枢神経

⑥ 感覚器官 ★★

❶ 目のつくり

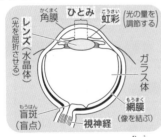

角膜　**ひとみ**　虹彩（光の量を調節する）
レンズ（水晶体）（光を屈折させる）
盲斑（盲点）
視神経
ガラス体
網膜（像を結ぶ）

❷ 耳のつくり

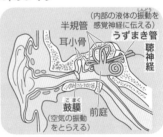

（内部の液体の振動を感覚神経に伝える）
半規管
耳小骨
うずまき管
聴神経
鼓膜（空気の振動をとらえる）
前庭

❸ 感覚器官には，ほかに舌，皮膚，鼻などがある。

part
1
物理

part
2
化学

part
3
生物

part
4
地学

part
5
まとめ

入試直前確認テスト

次の問いに答えなさい。また、( )にあてはまる語句を答えなさい。

- □ ❶ 背骨がある動物のなかまを( )動物という。
- □ ❷ ❶のなかまのうち、①外界の温度に合わせて体温が変化する動物、②温度によらず体温が一定の動物をそれぞれ何というか。
- □ ❸ 殻のない卵で生まれ、体表がうろこで覆われているのは何類か。
- □ ❹ 節足動物のうち、エビやカニ、ザリガニなどのなかまを何というか。
- □ ❺ 節足動物のうち、バッタやチョウのなかまを何というか。
- □ ❻ ❺のからだのつくりは、頭部、(①)部、(②)部の3つに分かれており、あしやはねは(①)部についている。
- □ ❼ ハマグリやイカは(①)で内臓全体を覆っている。このようななかまを(②)動物という。
- □ ❽ 下は、刺激を受けてから反応するまでの経路である。①、②、③に適語を入れなさい。

  刺激➡感覚器官➡① ➡脊髄➡② ➡③ ➡運動神経➡筋肉➡反応

- □ ❾ ❽に対して無意識に起こる反応を何というか。
- □ ❿ 右図は目の断面である。①光を集める、②光の量を調節する、③像を結ぶ、というはたらきをするのはそれぞれ A～D のどれか。またその名称を書きなさい。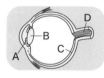
- □ ⓫ 目のように外界の刺激を受けとる器官を何というか。
- □ ⓬ ヒトの耳で、実際に音の振動を受けとっているのはどこか。
- □ ⓭ 神経系には、脳や脊髄などの(①)神経とそれ以外の(②)神経がある。

解答 ❶ セキツイ ❷ ①変温動物 ②恒温動物 ❸ 魚類 ❹ 甲殻類
❺ 昆虫類 ❻ ①胸 ②腹 ❼ ①外とう膜 ②軟体
❽ ①感覚神経 ②脳 ③脊髄 ❾ 反射
❿ ①B、レンズ(水晶体) ②A、虹彩 ③C、網膜
⓫ 感覚器官 ⓬ 鼓膜 ⓭ ①中枢 ②末しょう

18. 植物のはたらき

月　日

2年

📎 図解チェック

① 葉の内部のつくり ★★

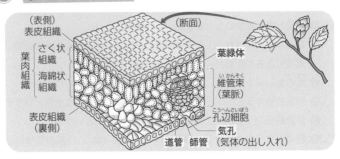

（表側）
表皮組織

葉肉組織
　〔さく状組織〕
　〔海綿状組織〕

表皮組織
（裏側）

（断面）

葉緑体

維管束（葉脈）

孔辺細胞

気孔（気体の出し入れ）

道管　師管

道管は水の通り道，師管は栄養分の通り道だよ。

② 茎のつくり ★★

❶ 双子葉類の茎

形成層

維管束（維管束が輪状に配列）

道管
形成層
師管

❷ 単子葉類の茎

維管束（維管束が茎全体に散在）

維管束

道管

師管

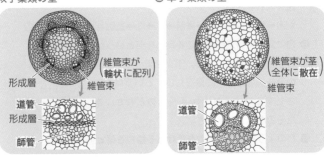

知っておきたい　道管と師管の集まりを維管束という。葉の維管束が葉脈である。

入試で注意

Q 双子葉類と単子葉類で茎の横断面での維管束の並び方はどう違うか。

→→→ **A** （例）双子葉類は輪状に並び，単子葉類は散在している。

得点 UP!

- 植物の葉や茎のつくりを確認する。
- 光合成とはどのようなはたらきかをおさえておく。

③ 光合成のしくみ ★★★

❶ 光合成…光のエネルギーを用いて**デンプン**などの栄養分をつくるはたらき。**葉緑体**で行われる。

❷ 光合成のしくみ

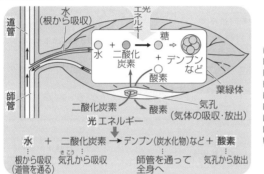

丸暗記

光合成は，水と二酸化炭素からデンプンと酸素をつくるはたらきである。

水 ＋ 二酸化炭素 → デンプン(炭水化物)など ＋ 酸素
根から吸収　　気孔から吸収　　師管を通って　　気孔から放出
(道管を通る)　　　　　　　　　全身へ

 知っておきたい

光合成によってつくられたデンプンは，水に溶けやすい糖などの物質になって師管を通って全身に運ばれる。

④ 光合成でできるもの，使われるもの ★★

❶ 光合成で酸素ができる。

気体

火のついた線香を入れると炎を上げて燃える。

気体

泡が出る

光

オオカナダモ

❷ 二酸化炭素が使われる。

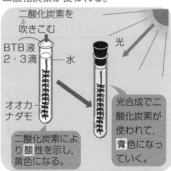

二酸化炭素を吹きこむ

BTB液2・3滴

水

光

オオカナダモ

二酸化炭素により酸性を示し，黄色になる。

光合成で二酸化炭素が使われて，**青色**になっていく。

part 1 物理
part 2 化学
part 3 生物
part 4 地学
part 5 まとめ

⑤ 蒸散 ★★★

丸暗記 植物は，体内の水を，水蒸気の形にして放出している。このようなはたらきを蒸散という。蒸散は葉の気孔が開くことにより行われる。

Check!
蒸散で，植物体内の水や水に溶けた養分が移動する。

蒸散により，気孔から水を放出する。

水や水に溶けた養分が茎の道管を通ってからだ全体に移動する。

根毛から水や水に溶けた養分を吸収する。

水
根毛

▲蒸散によって水・養分を吸収するようす

入試で注意

Q 根から吸い上げた水はどの管を通って運ばれるか。 →→→ A 道管

⑥ 光合成と呼吸 ★★

❶ 昼のようす…昼は光合成が盛んに行われ，呼吸より光合成による気体の出入りが多くなる。

❷ 夜のようす…夜は呼吸だけが行われる。

呼吸は1日中行われるよ。

昼
（はたらき）
二酸化炭素 光合成 → 酸素
呼吸

夜
（はたらき）
二酸化炭素 呼吸 → 酸素

知っておきたい 呼吸では酸素をとり入れ，二酸化炭素を出す。

最重要事項暗記

水・ガスで 光を浴びて
水＋二酸化炭素(CO_2) 葉緑体で光エネルギー

デンプンづくり
デンプン＋酸素(O_2)

光合成…水＋二酸化炭素
$\xrightarrow{光}$ デンプン（炭水化物）＋酸素

part
1
物理

part
2
化学

part
3
生物

part
4
地学

part
5
まとめ

入試直前確認テスト

次の問いに答えなさい。また，（　）にあてはまる語句を答えなさい。

- □ ❶ 根から吸収した水や水に溶けた養分の通り道を何というか。
- □ ❷ 葉でつくられた栄養分の通り道を何というか。
- □ ❸ ❶と❷を合わせて何というか。
- □ ❹ ❸は，葉では何というか。
- □ ❺ 気体の出し入れを行うのは葉の何という部分か。
- □ ❻ 植物の茎の横断面で，維管束が輪状に並んでいるのは単子葉類と双子葉類のどちらか。
- □ ❼ 植物が吸収した水は，①植物のからだのどこから，②どんな形で放出されるか。
- □ ❽ ❼のような現象を何というか。
- □ ❾ 気孔から出入りする主な気体は酸素，水蒸気と何か。
- □ ❿ 緑色植物に光をあてると何という栄養分がつくられるか。
- □ ⓫ ❿の植物のはたらきを何というか。
- □ ⓬ ⓫は細胞内のどこで行われるか。
- □ ⓭ 光合成：（①　　）　＋　二酸化炭素　──→　（②　　）など　＋　酸素
  ↑光のエネルギー
- □ ⓮ デンプンができていることを確かめる試薬は何か。またデンプンがあれば何色に変化するか。
- □ ⓯ ⓫のはたらきを調べる実験において，植物の緑色を脱色するために試薬として何を使うか。
- □ ⓰ よく晴れた昼間，植物が①最も多くとり入れている気体は何か。また，②最も多く放出している気体は何か。

解答 ❶ 道管　❷ 師管　❸ 維管束　❹ 葉脈　❺ 気孔　❻ 双子葉類
❼ ①気孔　②水蒸気　❽ 蒸散　❾ 二酸化炭素　❿ デンプン
⓫ 光合成　⓬ 葉緑体　⓭ ①水　②デンプン
⓮ ヨウ素液，青紫色　⓯ エタノール　⓰ ①二酸化炭素　②酸素

📎 図解チェック

1 細胞のつくり ★★

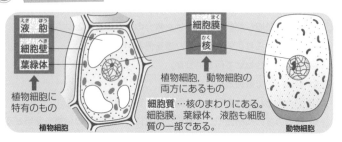

液胞
細胞壁
葉緑体
→ 植物細胞に特有のもの

細胞膜
核
→ 植物細胞，動物細胞の両方にあるもの

細胞質…核のまわりにある。細胞膜，葉緑体，液胞も細胞質の一部である。

植物細胞

動物細胞

入試で注意

Q 植物細胞に特有のものを3つあげよ。 → → → **A** 液胞，細胞壁，葉緑体

2 ヒトの消化器官と消化酵素 ★★★

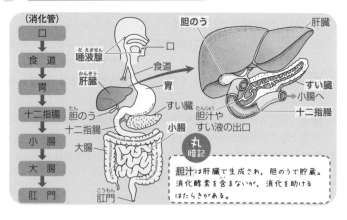

（消化管）
口
↓
食道
↓
胃
↓
十二指腸
↓
小腸
↓
大腸
↓
肛門

唾液腺
口
食道
肝臓
胃
すい臓
胆のう
十二指腸
小腸
大腸
肛門

胆のう
肝臓
すい臓
小腸へ
十二指腸
胆汁やすい液の出口

丸暗記
胆汁は肝臓で生成され，胆のうで貯蔵。消化酵素を含まないが，消化を助けるはたらきがある。

知っておきたい 胆汁以外の消化液には消化酵素が含まれている。消化酵素は決まった物質にだけはたらく。

③ 栄養分の吸収 ★★★

❶ 柔毛…小腸の内側のひだの表面は柔毛という小さな突起に覆われているため表面積が大きく,効率的に栄養分を吸収できる。

❷ 栄養分の吸収…柔毛にあるリンパ管,毛細血管から栄養分を吸収する。

知っておきたい

ブドウ糖・アミノ酸→毛細血管→門脈(肝門脈)→肝臓
脂肪酸・モノグリセリド→リンパ管→太い血管→脂肪組織

④ 血液の循環と物質の移動 ★★★

❶ 肺循環…血液が右心室→肺動脈→肺→肺静脈→左心房と循環する経路。

❷ 体循環…血液が左心室→大動脈→全身→大静脈→右心房と循環する経路。

丸暗記

動脈血は酸素が多く,静脈血は二酸化炭素が多い。肺動脈を流れる血液は静脈血で,肺静脈を流れる血液は動脈血である。

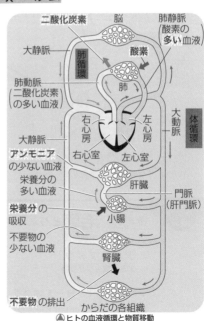

▲ヒトの血液循環と物質移動

⑤ 血液の成分 ★★

血液の液体成分が血しょうだよ。

❶ 血液の成分

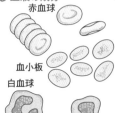

赤血球

血小板

白血球

核

❷ 血液のはたらき

成分の名称	はたらき
赤血球	酸素の運搬
白血球	細菌などを分解する
血小板	血液凝固に関係
血しょう	栄養分、二酸化炭素の運搬など

⑥ ヒトの肺のつくり ★★

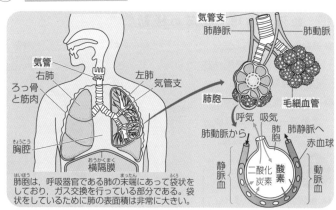

気管支

肺静脈　肺動脈

気管

右肺　左肺　気管支

ろっ骨と筋肉

胸腔

横隔膜

肺胞　毛細血管

呼気　吸気

肺動脈から　肺胞　肺静脈へ　赤血球

静脈血　二酸化炭素　酸素　動脈血

肺胞は、呼吸器官である肺の末端にあって袋状をしており、ガス交換を行っている部分である。袋状をしているために肺の表面積は非常に大きい。

最重要事項 暗記

柔毛の **毛管** とりこみ
毛細血管

アミ・ブドウ
アミノ酸・ブドウ糖

アミノ酸，ブドウ糖 → 毛細血管
脂肪酸，モノグリセリド → リンパ管

小腸　ブイーン

毛細血管

入試直前確認テスト

次の問いに答えなさい。また，(　)にあてはまる語句を答えなさい。

□ ❶ 右図のア〜エの中で，左心室はどこか。

□ ❷ 右図のA〜Cの血管名を書け。

□ ❸ 心臓から出る血液が通る血管を何というか。

□ ❹ 静脈には血液の逆流を防ぐために何があるか。

□ ❺ 小腸の内側のひだの表面をおおう小さな突起を
何というか。

□ ❻ ブドウ糖・アミノ酸は❺の内部の何に吸収されるか。

□ ❼ 血液の成分のうち，酸素を運ぶ血球は何か。

□ ❽ 血液の成分のうち，体内に入った細菌などを分解する血球は何か。

□ ❾ 消化中に含まれ，食物を吸収しやすいように分解する物質は何か。

□ ❿ ❾のなかで，唾液中に含まれるものは何か。

□ ⓫ 食物に含まれる次の①〜③の物質は，消化されると最終的にそれぞれ
どのような物質になるか。

①炭水化物　　②タンパク質　　③脂肪

□ ⓬ 肝臓には，タンパク質を分解したときに出る有害な(①　　)を比較的
無害な(②　　)に変えるなどのはたらきがある。

□ ⓭ 血液中の老廃物をこしとる器官は何か。

□ ⓮ 気管支の先にあり，酸素と二酸化炭素を交換するうすくて小さな袋を
何というか。

□ ⓯ 息を吸うとき，横隔膜は上がるか下がるか。

解答　❶ エ　❷ A−大静脈　B−肺動脈　C−肺静脈　❸ 動脈
❹ 弁　❺ 柔毛　❻ 毛細血管　❼ 赤血球　❽ 白血球
❾ 消化酵素　❿ アミラーゼ　⓫ ①ブドウ糖　②アミノ酸
③脂肪酸とモノグリセリド　⓬ ①アンモニア　②尿素
⓭ 腎臓　⓮ 肺胞　⓯ 下がる

20. 生物の細胞分裂とふえ方 3年

📎 図解チェック

1 細胞分裂(さいぼうぶんれつ) ★★

単細胞生物も多細胞生物も，**細胞分裂**によって，細胞の数がふえる。

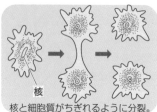

核

核と細胞質がちぎれるように分裂。

▲アメーバのふえ方

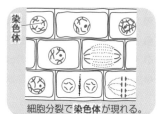

染色体

細胞分裂で**染色体**が現れる。

▲タマネギの若い根の先端部分の細胞のふえ方

2 体細胞分裂の流れ（植物細胞）★★★

❶ 分裂前の細胞　　❷ 染色体が現れる。　　❸ 核が見えなくなり，**染色体**が**中央**に並ぶように集まる。

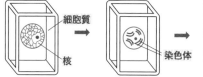

細胞質

核

染色体

> **丸暗記** 染色体は酢酸カーミン液で赤く染まる。染色体には親から子へ伝わる**遺伝子**が含まれている。

❹ 染色体が**両端(りょうたん)**に引かれて移動する。　　❺ 細胞の間にしきりができる。　　❻ 2つの細胞になる（染色体は見えない）。　　❼ 細胞が成長する。

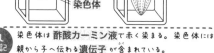

しきり

細胞質

核

（核が2つに分かれたあと細胞質が分かれる）

▲植物細胞の細胞分裂

知っておきたい　1つの細胞が2つに分かれることを**細胞分裂**という。

● 細胞分裂の流れと染色体の変化をおさえておく。
● 無性生殖と有性生殖それぞれのふえ方を理解する。

③ 植物の有性生殖（被子植物）★★★

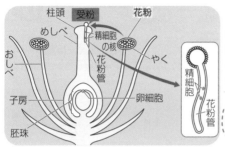

精細胞の核と卵細胞の核が受精（合体）し、細胞分裂して胚ができる。胚を含む胚珠全体は種子となる。

Check!
受粉後、花粉管の中を、精細胞が通っていく。

④ 無性生殖★

無性生殖と有性生殖どちらも行う生物もいるよ。

雄、雌などの性が関係しない生殖を無性生殖という。

❶ 分裂
ゾウリムシ

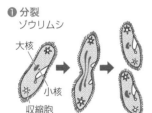

大核
小核
収縮胞

細胞分裂と生殖が同じ意味をもつ。
単細胞生物に広く見られる。

❷ 出芽
コウボキン

親のからだの一部に、芽のような子の個体が現れふえる。

ヒドラ

❸ 栄養生殖
ジャガイモ　　ヤマノイモ

むかご

本来は栄養分を蓄える所から新しい個体ができる。

	利点と欠点
有性生殖	環境の変化に適応できる可能性のある子が生じる場合があるが、子をつくるのに2個体が必要である。
無性生殖	1個体で子ができるが、環境の変化についていけず、全滅する場合がある。

⑤ 動物の有性生殖（カエル）★★

丸暗記

❶ 胚…細胞分裂から自分で食物をとるまでの期間の子。

❷ 発生…受精卵から親と同じような形になるまでの過程のこと。

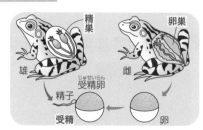

知っておきたい

雄の生殖細胞
雌の生殖細胞 ──受精──→ 受精卵 ──→ 胚 ──→ 独立した個体
　　　　　　　　　　　　　　　　発生

⑥ 生物の成長 ★★

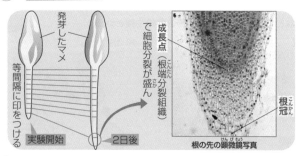

発芽したマメ

等間隔に印をつける

実験開始　2日後

成長点（根端分裂組織）で細胞分裂が盛ん

根冠

根の先の顕微鏡写真

知っておきたい

体細胞分裂により細胞がふえ，分裂した細胞が大きくなることで成長する。

最重要事項 暗記

中央に　よって分かれる

染色体

染色体は分裂の途中で中央に並び，両端に分かれ，細胞分裂が進む。

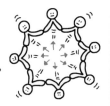

入試直前確認テスト

次の問いに答えなさい。また，（　）にあてはまる語句を答えなさい。

□ ❶ 生物が自らと同じ種類の個体をふやすことを何というか。

□ ❷ 雄，雌などの性が関係しないで個体をふやすことを何というか。

□ ❸ ゾウリムシやミカヅキモは，からだを２つにする❷の生殖を行う。これを何というか。

□ ❹ 雄，雌などの性が関係する個体のふえ方を何というか。

□ ❺ ❹で，生殖のためにつくり出された細胞を何というか。

□ ❻ 被子植物の場合，①花粉の中に何という生殖細胞があるか。また，②胚珠の中には何という生殖細胞があるか。

□ ❼ 生殖細胞の核が合体することを何というか。

□ ❽ 右図はカエルの卵から
の成長のようすを示し
ている。ア～オを発生
の順に並べよ。

□ ❾ 染色体は，①何の薬品によって，②何色に染まるか。

□ ❿ 植物の根の先の細胞分裂が盛んな所を何というか。

□ ⓫ 受精卵が細胞分裂をはじめてから，自分で
（　　　）までの期間を胚という。

□ ⓬ 右の図のA～Eの細胞を，Aを最初として細胞
分裂の正しい順に並べよ。

□ ⓭ 植物の場合，受精後①胚珠は何になるか。また，
②子房は何になるか。

解答 ❶ 生殖　❷ 無性生殖　❸ 分裂　❹ 有性生殖　❺ 生殖細胞

❻ ①精細胞　②卵細胞　❼ 受精　❽ イ→オ→ウ→エ→ア

❾ ①酢酸カーミン液(酢酸オルセイン液)　②赤色(赤紫色)

❿ 成長点(根端分裂組織)　⓫ 食物をとる

⓬ A→D→B→E→C　⓭ ①種子　②果実

21. 遺伝のしくみ, 生物の進化 3年

月 日

📎 図解チェック

1 メンデルの実験★★★

❶ 遺伝…親のもつ**形質**(形や性質)が生殖によって子に伝わることを**遺伝**という。このとき, 例えばエンドウでは丸い種子としわの種子のどちらか一方しか現れないというような, 対をなす形質を**対立形質**という。

❷ メンデルが調べた対立形質の例(エンドウ)

形質	両親(P)		F_1 (雑種第1代)	F_2 (F_1どうしの交配結果)		
子葉 の色	黄 × 緑		黄	黄 : 緑		= 3:1
種子 の形	丸 × しわ		丸	丸 : しわ		= 3:1
種皮 の色	有色 × 無色		有色	有色 : 無色		= 3:1

●**純系**…親, 子, 孫と代を重ねても形質がすべて同じになるもの。

❸ メンデルの実験の結果

●親(P)が純系の対立形質で実験。

●子の代(F_1)では**一方だけ**の形質が現れる。このとき現れる形質を**顕性の形質**といい, 現れない形質を**潜性の形質**という。

✏️ Check!
> 孫の代での形質の割合
> 顕性:潜性 = 3:1

●孫の代(F_2)では親(P)のもつ形質が現れる。

●メンデルは, エンドウのさやの形や色, 花のつき方, 茎の高さなどの形質でも実験をした。

知って
おきたい

> 対立形質とは, 丸い種子としわの種子のように, 対をなす形質。
> 対立形質をもつ親の交配において, その子に一方の形質(顕性の形や性質)のみが現れる。

得点UP!
- 遺伝のしくみを正しく理解しておく。
- 顕性の形質と潜性の形質とは何かをおさえておく。

② 遺伝のしくみ★★★

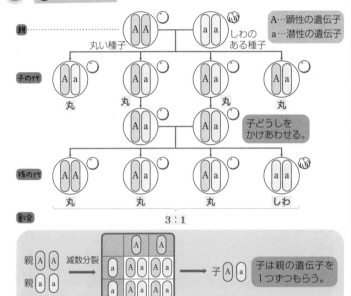

A…顕性の遺伝子
a…潜性の遺伝子

親……AA 丸い種子 × aa しわのある種子

子の代 Aa 丸 Aa 丸 Aa 丸 Aa 丸

Aa Aa 子どうしをかけあわせる。

孫の代 AA 丸 Aa 丸 Aa 丸 aa しわ

割合 3：1

親 AA 減数分裂 → 子 Aa 子は親の遺伝子を1つずつもらう。
親 aa

▲ 受精

●**分離の法則**…対になっている遺伝子は，分かれて別々の生殖細胞に入る。

染色体

体細胞 → 生殖細胞

▲ 染色体数が8本の生物の染色体

Check!
体細胞の染色体は対になって存在する。体細胞の染色体を8本とすると，生殖細胞の染色体は4本である。

知っておきたい　精子と卵をつくる分裂では，染色体の数が半分になる減数分裂を行う。

③ 遺伝子・染色体・DNA ★★

● 遺伝子と染色体…形質を伝えるものを**遺伝子**といい，**染色体**にある。遺伝子の本体は染色体に含まれる**DNA**である。

● DNA…二重らせん構造をしている。

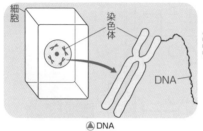

▲DNA

丸暗記

DNAは**デオキシリボ核酸**の略。

④ 生物の進化 ★

相同器官は進化の証拠の1つだよ。

外見やはたらきが異なっていても，基本的なつくりが同じであり，発生起源が共通な器官を**相同器官**という。

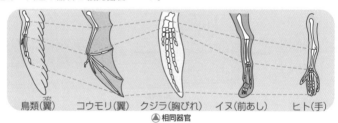

鳥類（翼）　コウモリ（翼）　クジラ（胸びれ）　イヌ（前あし）　ヒト（手）

▲相同器官

最重要事項暗記

孫が大好き **ケーキ** よりも
孫の代　　　　　　形質

サンドイッチ
　　　3：1

純系の両親がそれぞれ顕性，潜性の形質をもつとき，子どうしの交配による孫の代での形質の比は，顕性：潜性＝3：1

✎ 入試直前確認テスト

次の問いに答えなさい。

□ ❶ 生物がもついろいろな形や性質を何というか。

□ ❷ ❶が子に伝わることを何というか。

□ ❸ 染色体の中に含まれ，親のもつ形質を子に伝えるものを何というか。

□ ❹ ❸の本体である物質を何というか。アルファベット3文字で表せ。

□ ❺ 精子や卵のような生殖細胞がつくられるときに行われる，特別な細胞分裂を何というか。

□ ❻ ❺でできる生殖細胞では，体細胞に比べ染色体の数はどうなるか。

□ ❼ 顕性の形質をもつ純系の親と潜性の形質をもつ純系の親をかけあわせたとき，子にはどちらの形質が現れるか。

□ ❽ 右図で，親がそれぞれAA，aaという遺伝子をもつとき，子の遺伝子⑦はどうなるか。A，aを使って表せ。

□ ❾ ❽でできた子どうしをかけあわせると，孫の代での⑦，⑦，⑦はどうなるか。AA，Aa，aaのいずれかを書け。

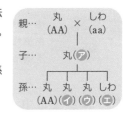

親… 丸 × しわ
(AA)　(aa)
│
子… 丸(ア)
├─────┬─────┬─────┐
孫… 丸　丸　丸　しわ
(AA)(イ)(ウ)(エ)

□ ❿ 右図での，孫の代の丸：しわの比を書け。

□ ⓫ 対になっている遺伝子が分かれて，別々の生殖細胞に入ることを何の法則というか。

□ ⓬ 親の形質と遺伝子が丸(Aa)，しわ(aa)のとき，子の形質はどのように現れるか。丸：しわの比を書け。

□ ⓭ 外見は異なっていても，構造と発生の起源が同じ器官を何というか。

- -

解答 ❶ 形質　❷ 遺伝　❸ 遺伝子　❹ DNA　❺ 減数分裂

❻ 半分$\left(\frac{1}{2}\right)$になる。　❼ 顕性の形質　❽ Aa

❾ ⑦ Aa　⑦ Aa　⑦ aa　❿ 丸：しわ＝3：1

⓫ 分離の法則　⓬ 丸：しわ＝1：1　⓭ 相同器官

22. 微生物と生物のつりあい 3年

------ 月　　日

📎 図解チェック

1 食物連鎖 ★★★

👆 入試で注意

Q 食物連鎖での生物の数量関係はどうなるか。

↓

A (例)高次になるほど数がだんだん少なくなる。

丸暗記 実際は、食物連鎖が複雑な網状になっている。これを**食物網**という。

数が少ない

(高次)消費者

二次消費者

一次消費者

生産者（植物など）

数が最も多い

知っておきたい 食べる・食べられるの関係を食物連鎖という。無機物から有機物をつくるものを生産者，生産者のつくった有機物を直接的・間接的に利用するものを消費者という。

2 海や土の中の食物連鎖 ★

どこでも、生産者の数がいちばん多いね。

海や土の中でも食物連鎖があり，生物のバランスがとられている。

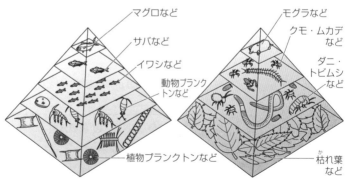

マグロなど

サバなど

イワシなど

動物プランクトンなど

植物プランクトンなど

▲ 海の中の生物の数量の関係

モグラなど

クモ・ムカデなど

ダニ・トビムシなど

枯れ葉など

▲ 土の中の生物の数量の関係

③ 生物の数のつりあい ★★

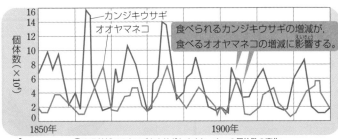

▲ある地域でのカンジキウサギとオオヤマネコの個体数の変化

Check!
食べられるほうより食べるほうが少しおくれて増減しているのがわかる。

知っておきたい 自然界では、一定地域内の個体数はバランスよくつりあいが保たれている。

④ 分解者のはたらき ★

Check!
分解者は主に、土壌中の小動物、菌類、細菌類などの微生物である。

小動物が落ち葉を食べる。

無機物

微生物が分解する。

植物の小片、動物の死がいやふんなどの排出物

知っておきたい 消費者のうち、生物の死がいやふんなどの有機物を無機物に分解するのに関わる生物を分解者という。

⑤ 生態系での炭素と酸素の流れ ★

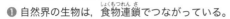

植物は二酸化炭素を吸収も排出するよ。

❶ 自然界の生物は，食物連鎖でつながっている。

❷ 炭素や酸素は光合成や呼吸，食物連鎖などによって循環している。

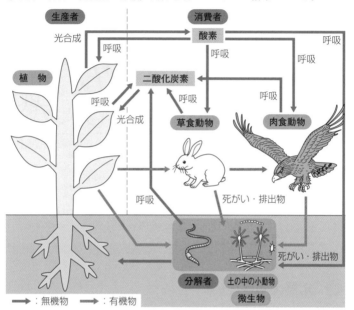

➡：無機物　➡：有機物

知っておきたい　食物連鎖の中で，窒素などの物質も循環している。

最重要事項暗記

生物の　生産・消費
生物界　　生産者　消費者

文化なり
分解者

生産者のつくった有機物は消費者を
経由して分解者が無機物に分解する。

うまいわあ　これも文化？　ムシャ

part
1
物理

part
2
化学

part
3
生物

part
4
地学

part
5
まとめ

入試直前確認テスト

次の問いに答えなさい。また，（　）にあてはまる語句を答えなさい。

□ ❶ ある地域内の生物と，その環境を1つのまとまりとして見たものを何というか。

□ ❷ 生物どうしの食べる・食べられるの関係が一連の鎖のようにつながったものを何というか。

□ ❸ ある❶で，❷の関係は網の目のようになっている。これを何というか。

□ ❹ 食物連鎖の個体数に注目すると右図のようなピラミッド型になる。

　①生産者はA～Dのどこにくるか。

　②肉食動物のうち，最も高次のものはA～Dのどこにくるか。

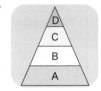

□ ❺ 食物連鎖で，食べるものの個体数と食べられるものの個体数はどちらが多いか。

□ ❻ 生態系において，生物を消費者，生産者に分けるとすると，①植物，②バッタなどの草食動物，③バッタなどを食べる鳥などはそれぞれどちらに分類されるか。

□ ❼ 生態系において，消費者のうち，生物の死がいや排出物などの有機物を無機物に分解する生物をとくに何というか。

□ ❽ ❼には，カビやキノコのなかまの（①　）類や乳酸菌や大腸菌などの（②　）類がいる。

□ ❾ 無機物から有機物をつくり出す植物のはたらきを何というか。

□ ❿ ❼が有機物を無機物に分解する際に必要とするはたらきを何というか。

□ ⓫ ❿のはたらきで放出されるものは何か。2つあげよ。

- -

❶ 生態系　❷ 食物連鎖　❸ 食物網　❹ ①A　②D
❺ 食べられるもの　❻ ①生産者　②消費者　③消費者
❼ 分解者　❽ ①菌　②細菌　❾ 光合成　❿ 呼吸
⓫ 二酸化炭素，水

23. 環境と人間

3年

月　日

図解チェック

1 水生生物の調査 ★

水の汚れ具合を知る手段として、そこに生息する**水生生物**を調べる方法がある。

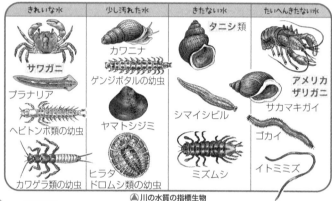

きれいな水	少し汚れた水	きたない水	たいへんきたない水
サワガニ	カワニナ	**タニシ類**	**アメリカザリガニ**
プラナリア	ゲンジボタルの幼虫	シマイシビル	サカマキガイ
ヘビトンボ類の幼虫	ヤマトシジミ		ゴカイ
カワゲラ類の幼虫	ヒラタドロムシ類の幼虫	ミズムシ	イトミミズ

▲川の水質の指標生物

知っておきたい　水の汚れ具合のめやすとなる生物を**指標生物**という。

2 酸性雨 ★★

酸性雨は、石油や石炭などの**化石燃料**を燃やすことで発生する窒素酸化物や硫黄酸化物が雨や雪に溶けこみできる。植物を枯らしたり、湖沼の生物を死滅させたり、建築物を溶かしたり、発生源から数千kmも離れた地域にも汚染物質が移動して公害を引き起こす。

▲酸性雨の被害を受けた森

Check!
窒素酸化物や硫黄酸化物は大気汚染や光化学スモッグの原因にもなる。

得点 UP! ● 自然がもたらす災害の種類をおさえておく。
● どのような環境問題があるかおさえておく。

part 1 ⚡ 物理
part 2 ⚗ 化学
part 3 🌱 生物
part 4 ⚙ 地学
part 5 📖 まとめ

③ 自然災害 ★★★

自然災害には，台風などの激しい気象の変化による**気象災害**や**地震**，火山によるものがある。

❶ 台風…台風による強風や大雨は，建物をこわしたり，**高潮**を起こしたり，**河川**のはん濫による洪水，浸水，がけくずれ，土砂くずれなどの災害を引き起こす。

△台風によるリンゴ果樹への被害

❷ 地震…日本列島付近は，4枚の**プレート**の境界にあたり，大陸プレートに海洋プレートが衝突して沈みこんでいるため，地震が起こりやすい。また，プレートの動きにより**活断層**が動いて地震が起こることもある。

△兵庫県南部地震によってつぶれたビル

❸ 火山…火山の噴火により，**火山灰**，**火山ガス**，**溶岩**などの火山噴出物を吹き出したり，**火砕流**などの災害が起こる。

火山噴出物により建物が倒壊したりするほかに，農作物などにも大きな被害が出る。

火砕流では高温の火山噴出物などが一気に山を下る。

△雲仙普賢岳の火砕流（長崎県）

知っておきたい 災害を最小限にするために**防災対策**をすることが必要である。

④ 地球温暖化 ★★★

太陽エネルギーは地表をあたためたのち，赤外線となり宇宙空間へ放出される。

二酸化炭素には赤外線を吸収し，地表に再放出する性質があるため，熱が宇宙へ出ていかない。二酸化炭素のこのような性質を温室効果という。

▲二酸化炭素による温室効果

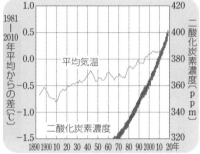

▲二酸化炭素濃度（地球全体）と平均気温の変化

メタンやフロンガスも温室効果をもっているよ。

⑤ オゾン層の破壊 ★

大気の上空にあるオゾン層は，太陽からふりそそぐ有害な紫外線を吸収している。このオゾン層を形成するオゾンは冷蔵庫の冷媒などに使用されていたフロンガスによって分解される。そのため，現在ではフロンガスの生産・使用は国際的に規制されている。

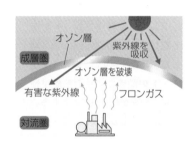

最重要事項
暗記

温暖化
温室効果により

燃料燃やし
石炭，石油など

ガスがふえ
二酸化炭素

大気中の二酸化炭素がふえ，温室効果により気温が上昇しているため地球温暖化が起こる。

✏ 入試直前確認テスト

次の問いに答えなさい。また，（　）にあてはまる語句を答えなさい。

□ ❶ 台風などにより潮位が高くなる現象を何というか。

□ ❷ 火山の噴火にともなう災害を1つあげよ。

□ ❸ 海底で地震が発生することにより起こりやすい高低差の大きい波を何というか。

□ ❹ 海溝型地震が発生する場所は，（①　　）のプレートが（②　　）のプレートの下にもぐりこんでいるところである。

□ ❺ 気象災害・地震災害・火山災害のような自然がもたらす災害を何というか。

□ ❻ 紫外線を吸収する役割をもつオゾン層を破壊する物質を何というか。

□ ❼ 水生生物の種類によって水の汚れ具合がわかる。アメリカザリガニがいた場合，その川の水はきれいな水か，少し汚れた水か，たいへんきたない水か。

□ ❽ 右図の生物のうち，きれいな水にすんでいる生物はどれか。

ヒメタニシ　　サワガニ　　サカマキガイ

□ ❾ もともとその地域にすんでいた生物を在来種というのに対して，他の地域からもちこまれた生物を何というか。

□ ❿ 地球の平均気温が上昇していることを何というか。

□ ⓫ ❿は，宇宙空間へ放出される熱の一部を地表へもどすはたらきがある（①　　）などの（②　　）ガスが増加したことが原因とされている。

□ ⓬ 石油・石炭・天然ガスをまとめて何燃料というか。

□ ⓭ ⓬を燃やすと，二酸化硫黄などの（①　　）や（②　　）が発生し，大気が汚染され（③　　）雨が降ることがある。

解答 ❶ 高潮　❷ 火砕流(土石流，溶岩流，降灰)　❸ 津波　❹ ①海
②陸　❺ 自然災害　❻ フロンガス　❼ たいへんきたない水
❽ サワガニ　❾ 外来種　❿ 地球温暖化　⓫ ①二酸化炭素
②温室効果　⓬ 化石燃料　⓭ ①硫黄酸化物　②窒素酸化物
③酸性

24. 火山活動と地震

1年

月　日

🖋 図解チェック

1 地震 ★★★

❶ P波とS波…地震により，速さの異なるP波とS波が同時に発生する。
　P波は初期微動を，S波は主要動を起こす。

❷ 初期微動継続時間…P波が届いてからS波が届くまでの時間の差のこと。

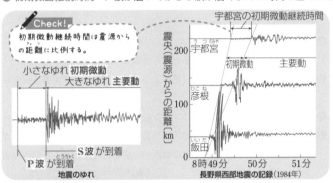

Check!
初期微動継続時間は震源からの距離に比例する。

小さなゆれ 初期微動　　大きなゆれ 主要動

S波が到着
P波が到着
地震のゆれ

宇都宮の初期微動継続時間

震央（震源）からの距離（km）

宇都宮
初期微動　　主要動
彦根
飯田

8時49分　　50分　　51分
長野県西部地震の記録（1984年）

知って
おきたい
地震が発生した場所を震源といい，震源の真上にある地表の地点を震央という。

2 火成岩の組織 ★★★

マグマが冷やされる場所によって組織が違うね。

丸暗記
マグマが冷え固まってできた岩石を火成岩という。

石基　　斑晶

種類（岩石例）	火山岩（安山岩）	深成岩（花こう岩）
組織	**斑状**組織	**等粒状**組織
でき方	マグマが地表や地表付近で**急に**冷やされた	マグマが地下深くで**ゆっくり**と冷やされた

得点 UP! ● 火成岩の組織・名称と含まれる鉱物の種類を覚えておく。
● マグマの粘り気・色とでできる火山の形を理解しておく。

③ 火成岩の種類と特徴 ★

火成岩	火山岩	斑状組織	流紋岩	安山岩	玄武岩
	深成岩	等粒状組織	花こう岩	閃緑岩	斑れい岩

鉱物の割合（体積%）	100	セキエイ	チョウ石	カンラン石
	50	クロウンモ	カクセン石	
	0	その他		キ石

| 見かけの色 | 白っぽい ← → 黒っぽい |
| 造岩鉱物 | 無色鉱物を多く含む ← → 有色鉱物を多く含む |

● 無色鉱物

セキエイ	チョウ石
不規則	厚い板状
無色 白色	白色 うすい桃色 うすい灰色

● 有色鉱物

クロウンモ	カクセン石
六角板状	細長い柱状
黒色	暗緑色 暗褐色

キ石	カンラン石
短い柱状	不規則
暗緑色 暗褐色	黄緑色 褐色

知っておきたい
無色鉱物…セキエイ，チョウ石
有色鉱物…クロウンモ，カクセン石，キ石，カンラン石

④ マグマと火山の形 ★★

丸暗記　マグマの粘り気によって火山の形は変わる。

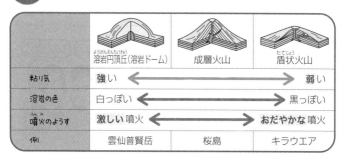

	溶岩円頂丘（溶岩ドーム）	成層火山	盾状火山
粘り気	強い ←	→ 弱い
溶岩の色	白っぽい ←	→ 黒っぽい
噴火のようす	激しい噴火 ←	→ おだやかな噴火
例	雲仙普賢岳	桜島	キラウエア

part 1 物理
part 2 化学
part 3 生物
part 4 ⑥ 地学
part 5 まとめ

⑤ プレートと地震の規模 ★★

震度とマグニチュードの違いに注意!

❶ **プレート**…地球の表面を覆っている十数枚の岩盤で，厚さはおよそ100 km。年間数cmから10 cm移動。

❷ **海溝**…陸のプレートの下に海のプレートが沈みこむところに海溝ができる。

❸ **海溝型地震**…プレートとプレートの境界付近で起こる。

❹ **震度**…ある地点でのゆれの程度で，10段階で表す。

❺ **マグニチュード**（記号M）地震のエネルギーの大きさを表す。Mが大きいほどエネルギー量が大きい。Mが1大きくなるとエネルギーは約32倍になり，Mが2大きくなると1000倍になる。

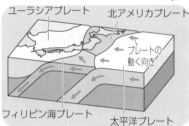

▲日本付近のプレート

▲プレートの動きと震源

知っておきたい 日本付近での地震の震源は，太平洋側で浅く日本海側で深い。

最重要事項暗記

新 幹 線 は 斑れい岩
深成岩 花こう岩 閃緑岩

か り 上 げ
火山岩 流紋岩 安山岩 玄武岩

深成岩：花こう岩，閃緑岩，斑れい岩
火山岩：流紋岩，安山岩，玄武岩

入試直前確認テスト

次の問いに答えなさい。また，（　）にあてはまる語句を答えなさい。

□ ❶ 地震の発生した地点を何というか。

□ ❷ 観測地点に最初に到着する地震波を何というか。

□ ❸ 観測地点に❷の到着後に到着する地震波を何というか。

□ ❹ P波が起こすゆれを何というか。

□ ❺ S波が起こすゆれを何というか。

□ ❻ P波が到着してからS波が到着するまでの時間を何というか。

□ ❼ 地震そのもののエネルギーの大きさを表す尺度を何というか。

□ ❽ 地下深くにあって，火山の噴出物をつくり出すどろどろにとけた高温の物質を何というか。

□ ❾ 火山ガスの主な成分は何か。

□ ❿ ❽が冷えて固まった岩石を何というか。

□ ⓫ 右図は2種類の火成岩のつくりを示している。
　　①Aを何というか。
　　②Bを何というか。
　　③図1の組織を何というか。
　　④図2の組織を何というか。

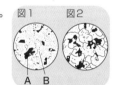
図1　図2
A B

□ ⓬ 火成岩をつくっている色や形の異なる粒を何というか。

□ ⓭ 溶岩円頂丘はマグマの粘り気が（　）いと形成される。

□ ⓮ 溶岩の色が白っぽいと（　）噴火が起こる。

□ ⓯ マグマが地下深くでゆっくり冷え固まりできた岩石を何というか。

□ ⓰ マグマが地表や地表付近で急に冷え固まりできた岩石を何というか。

- -

解答 ❶ 震源　❷ P波　❸ S波　❹ 初期微動

❺ 主要動　❻ 初期微動継続時間　❼ マグニチュード

❽ マグマ　❾ 水蒸気　❿ 火成岩

⓫ ①斑晶　②石基　③斑状組織　④等粒状組織

⓬ 鉱物　⓭ 強　⓮ 激しい　⓯ 深成岩　⓰ 火山岩

25. 地層と化石

___月___日

1年

📎 図解チェック

① 地層のでき方 ★★

❶ 地層のでき方
風化した岩石が流水によって**侵食**され, れき・砂・泥などが運ばれ(**運搬**), **堆積**し, それがくり返されて**地層**ができる。

❷ 地層…地層は, 厚さと広がりをもっていて, 水平に堆積している。

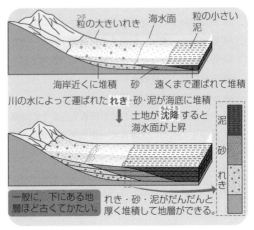

粒の大きいれき　海水面　粒の小さい泥

海岸近くに堆積　砂　遠くまで運ばれて堆積

川の水によって運ばれた**れき**・砂・泥が海底に堆積
↓ 土地が**沈降**すると海水面が上昇

一般に, 下にある地層ほど古くてかたい。　れき・砂・泥がだんだんと厚く堆積して地層ができる。

泥
砂
れき

② 堆積岩の種類 ★★

堆積物が長い年月をかけておし固められると堆積岩になるんだ。

❶ 岩石の破片からできた堆積岩…**れき岩**, 砂岩, **泥岩**

❷ 火山灰からできた堆積岩…**凝灰岩**

❸ 生物の死がいなどからできた堆積岩…**石灰岩**, **チャート**

丸暗記

● 流水のはたらきによってできたれき岩, 砂岩, 泥岩の粒は角がとれて丸みを帯びている。

● 石灰岩とチャートの見分け方…塩酸をかけると二酸化炭素が発生するほうが石灰岩。

知っておきたい

堆積岩をつくる粒の大きさで, れき岩（2mm以上）, 砂岩（$\frac{1}{16}$mm〜2mm）, 泥岩（$\frac{1}{16}$mm以下）に分ける。
堆積岩は化石を含むことがある。

得点 UP!
- 地層のでき方を理解しておく。
- 化石が示す環境や年代を覚えておく。

③ 地質年代と化石 ★★

❶ **地質年代**…地球が誕生してから人間の歴史以前の，地層ができた時代。

代	先カンブリア時代	古生代							中生代			新生代		
紀		カンブリア紀	オルドビス紀	シルル紀	デボン紀	石炭紀	二畳紀（ペルム紀）	三畳紀	ジュラ紀	白亜紀		古第三紀	新第三紀	第四紀
年	5億4100万年前						2億5200万年前			6600万年前				

❷ **示相化石**…地層が堆積した当時の環境を知る手がかりとなる化石。

- ●カニ…干潟
- ●サンゴ…あたたかく浅い海
- ●アサリ，カキ…浅い海
- ●シジミ…湖や河口など
- ●マンモス…寒い気候
- ●シュロ，ソテツ…あたたかい気候

❸ **示準化石**…地層が堆積した年代を知る手がかりとなる化石。

△ サンヨウチュウ
（古生代）

△ アンモナイト
（中生代）

△ ビカリア
（新生代）

> 知っておきたい
> 示準化石：古生代…フズリナ　中生代…ティラノサウルス
> 新生代…デスモスチルス(新第三紀)
> ナウマンゾウ(第四紀)

④ 地層の広がり ★

地層は厚さと広がりをもって**堆積**しており，ふつう，古いものから新しいものへと積み重なっている。火山灰や同じ化石を含む地層には特徴があるので，地層の対比には有力であり，**鍵層**とよばれる。

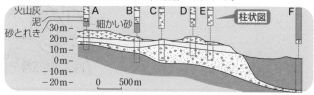

⑤ 大地の変動 ★★

❶ 断層…大地
の変動にと
もなう大き
な力が地層
に加わり,
地層がずれ
たもの。力
の向きによ
りずれ方が異なる。

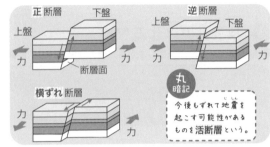

丸暗記
今後もずれて地震を起こす可能性があるものを活断層という。

❷ しゅう曲…大地の変動にともなう横からの力で地層が曲がったもの。

水平な地層 → 横から力が加わる → さらに力が加わる。

⑥ 整合と不整合 ★★

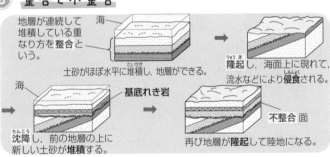

地層が連続して堆積している重なり方を整合という。

土砂がほぼ水平に堆積し,地層ができる。

隆起し,海面上に現れて,流水などにより侵食される。

沈降し,前の地層の上に新しい土砂が堆積する。

基底れき岩

再び地層が隆起して陸地になる。

不整合面

part
1
物理

part
2
化学

part
3
生物

part
4
地学

part
5
まとめ

入試直前確認テスト

次の問いに答えなさい。また，（　）にあてはまる語句を答えなさい。

- [ ] ❶ ⑦のように，地層が波打つように曲がっている構造を何というか。
- [ ] ❷ ⑦のように，地層がずれて食い違った構造を何というか。
- [ ] ❸ 大地の変動などにより地層の重なり方が不連続になっているものを何というか。
- [ ] ❹ 丸みを帯びた，直径 2 mm 以上の粒でできている堆積岩を何というか。
- [ ] ❺ フズリナの化石が含まれることもある岩石で，塩酸をかけると二酸化炭素が発生する堆積岩を何というか。
- [ ] ❻ 大地の変動によって，土地が海面に対して高くなることを何というか。
- [ ] ❼ ❻とは逆に，土地が海面に対して低くなることを何というか。
- [ ] ❽ 地層が堆積した当時の環境を示す化石を何というか。
- [ ] ❾ 地層が堆積したときの年代(時代)を示す化石を何というか。
- [ ] ❿ 次の生物は，古生代，中生代，新生代のいつの時代に栄えたか。

    ①ビカリア　　　②サンヨウチュウ　　　③アンモナイト
    ④ナウマンゾウ　⑤イグアノドン(恐竜)　⑥フズリナ
- [ ] ⓫ シジミの化石があった場合，その地層が堆積した当時の環境は「湖や（　　　　　）であった。」と考えられる。
- [ ] ⓬ サンゴの化石があった場合，その地層が堆積した当時の環境は「（　　　　　）海であった。」と考えられる。

解答 ❶ しゅう曲　❷ 断層　❸ 不整合　❹ れき岩　❺ 石灰岩
❻ 隆起　❼ 沈降　❽ 示相化石　❾ 示準化石　❿ ①新生代
②古生代　③中生代　④新生代　⑤中生代　⑥古生代
⓫ 河口　⓬ 浅くあたたかい

26. 気象の観測と気圧・風 2年

図解チェック

1 気象観測 ★★

❶ 気温，湿度…直射日光があたらない風通しのよい地上 **1.2〜1.5 m** の高さ（目の高さ）の所で乾湿計を用いてはかる。

❷ 気圧…アネロイド気圧計ではかる。

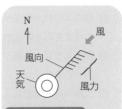

/ Check!

気圧の単位はヘクトパスカル（**hPa**）。

❸ 風向，風力…風向風速計ではかる。
風向は 16 方位。風力は 13 段階。

❹ 天気…降水のないときは，雲量で決める。

読み方
北東の風，風力6
天気くもり

▲ 天気図での表し方

丸暗記 雲量 0，1…快晴 雲量 2〜8…晴れ 雲量 9，10…くもり

知っておきたい 風向は風が吹いてくる方向をいう。

2 雲のでき方 ★★

❶ 水蒸気を含んだ空気のかたまりが上昇する。

❷ 上空ほど気圧が低いので，空気のかたまりは膨張する。空気が膨張すると，温度は下がる。

❸ 温度が露点（空気中の水蒸気が凝結し，水滴になり始める温度）に達すると，水蒸気が水滴となり，雲ができる。

雲は水滴や氷の粒からできているよ。

氷の粒
0℃
水滴
雲
露点
水滴ができはじめる
水蒸気
地上
空気のかたまり

▲ 巻雲

▲ 積乱雲

▲ 乱層雲

③ 高気圧, 低気圧の風の吹き方 ★★★

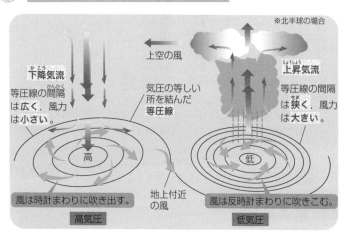

※北半球の場合

上空の風

下降気流

等圧線の間隔は広く, 風力は小さい。

気圧の等しい所を結んだ等圧線

上昇気流

等圧線の間隔は狭く, 風力は大きい。

高

低

地上付近の風

風は時計まわりに吹き出す。

高気圧

風は反時計まわりに吹きこむ。

低気圧

知っておきたい 高気圧…下降気流で, 雲がなく, 天気はよい。
低気圧…上昇気流で, 雲が発生し, 天気は悪い。

④ 霧の発生を調べる実験 ★★

温度計

丸底フラスコ

凝結核を入れる

線香の煙

少量の水

霧の発生

霧

❶ 丸底フラスコに温度計と注射器をとりつけ, ピストンをおしたり引いたりして温度変化をみる。

❷ フラスコに少量の水と線香の煙を入れる (水と煙は, 霧ができるための水分と凝結核)。

❸ 注射器のピストンを急に引くと, 温度が下がり, フラスコの中に霧が発生する。

知っておきたい 上昇した空気が, 露点以下になると雲が発生する。
地上付近にできた雲を霧という。

⑤ 飽和水蒸気量と露点 ★★

空気 1 m³ 中に含むことができる水蒸気の最大量を飽和水蒸気量という。

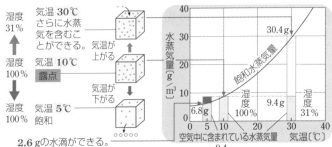

2.6 g の水滴ができる。
図で気温30℃，露点10℃のときの湿度〔%〕＝ $\frac{9.4}{30.4} \times 100 = 30.9 \cdots \rightarrow 31$〔%〕

知って
おきたい

湿度(%) ＝ $\frac{空気 1 m³ 中に含まれている水蒸気量(g)}{その気温での空気 1 m³ 中の飽和水蒸気量(g)} \times 100$

⑥ 乾湿計 ★★

乾湿計で湿度を求めるときは，乾球と湿球の示度の差を求め，湿度表を読みとって求める。

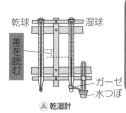

▲ 乾湿計

乾球の 示度〔℃〕	乾球と湿球の示度の差						……
	0	1	2	3	4	5	6
22	100	91	82	74	66	58	50
21	100	91	82	73	65	57	49
20	100	91	81	73	64	56	48
19	100	90	81	72	63	54	46

▲ 湿度表

入試で注意

Q 乾球が20℃，湿球が15℃のときの湿度を表より求めよ。 → → → A 56 %

最重要事項
暗記

含む水 飽和で割ると
含まれる水蒸気量 ÷飽和水蒸気量

湿度なり
×100%

湿度(%) ＝ $\frac{含まれている水蒸気量(g)}{飽和水蒸気量(g)} \times 100$

入試直前確認テスト

次の問いに答えなさい。また，( )にあてはまる語句を答えなさい。

- □ ❶ 気圧の等しい地点を結んだ曲線を何というか。
- □ ❷ まわりより気圧の高い所を何というか。
- □ ❸ まわりより気圧の低い所を何というか。
- □ ❹ 北半球では高気圧から吹き出す風は，時計まわりか，反時計まわりか。
- □ ❺ 北半球では低気圧に吹きこむ風は，時計まわりか，反時計まわりか。
- □ ❻ 日本上空を1年中吹いている西風を何というか。
- □ ❼ 雲が発生して天気が悪くなるのは，高気圧か，低気圧か。
- □ ❽ 空気のかたまりが上昇すると，気圧は(①   )がり，空気が(②   )し，温度は(③   )がる。
- □ ❾ 水蒸気を含んだ空気が冷やされると，水蒸気が水滴となって出てくる。このときの温度を何というか。
- □ ❿ 空気1m³中に含むことができる水蒸気の最大の量を何というか。
- □ ⓫ 気温30℃，露点21℃であるとき，湿度を求めよ。ただし飽和水蒸気量は，21℃のとき18g/m³，30℃のとき30g/m³とする。
- □ ⓬ 右の天気図を見て答えよ。

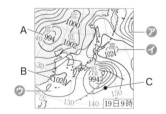

①Aの数字の単位を，記号を使って答えよ。

②Bでは上昇気流と下降気流のどちらが起こっているか。

③⑦，⦿，⑤の地点のうち，風が一番強いのはどこか。

④C点での風向は，北，東，南，西のいずれか。

解答 ❶ 等圧線 ❷ 高気圧 ❸ 低気圧 ❹ 時計まわり

❺ 反時計まわり ❻ 偏西風 ❼ 低気圧

❽ ①下 ②膨張 ③下 ❾ 露点 ❿ 飽和水蒸気量

⓫ 60% ⓬ ①hPa ②下降気流 ③ア ④南

地学

27. 前線と日本の天気

月　日

2年

📎 図解チェック

1 天気図と天気記号 ★★

❶ 天気図…観測された気象要素(風向, 風力, 気圧, 気温, 雲量など)を, 決められた記号を用いて地図上に記入したものを, 天気図という。

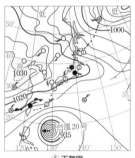

▲天気図

❷ 等圧線

● 1000 hPa を基準とする。

● 4 hPa 間隔で引く。

● 20 hPa ごとに太い線を引く。

○	快晴	◎	くもり
◑	晴れ	⊗	雪
◒	雷	●	雨

▲天気記号

寒冷前線	▼▼▼
温暖前線	●●●
停滞前線	▼●▼●
閉塞前線	●▲●

▲前線の記号

2 日本の春と秋の天気 ★★

移動性高気圧が西から東へ通過し, 4～7日周期で天気が変化する。

移動性高気圧

▲春・秋の天気図(例)

梅雨前線, 秋雨前線(停滞前線)を形成。秋には小笠原気団がおとろえる。

停滞前線

▲梅雨・秋雨の天気図(例)

知っておきたい　春…大陸から進んでくる移動性高気圧に影響される。
秋…移動性高気圧に影響される。台風の到来もある。

得点 UP！
● 天気記号を正しく覚えておく。
● 季節ごとに天気図に見られる特徴を整理しておく。

③ 日本の夏と冬の天気 ★★★

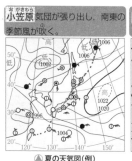

小笠原気団が張り出し，南東の季節風が吹く。

▲ 夏の天気図(例)

シベリア気団が発達し，北西の季節風が吹く。

▲ 冬の天気図(例)

Check!
等圧線の間隔が狭いところほど，気圧の差が大きいので風が強い。

季節風の向きに注意しよう！

知って
おきたい

夏…南高北低の気圧配置，蒸し暑い晴れの日が続く。
冬…西高東低の気圧配置，太平洋側は乾燥した晴天になる。

④ 日本付近の主な気団 ★

　温度や湿度などがほぼ一様な大気のかたまりを気団という。
　日本ではこれらの気団の影響によって，四季の変化が生まれ，各季節にみられるような特徴のある天気になる。

●台風…フィリピンの東沖合の海上で発生する熱帯低気圧のう

シベリア気団
乾燥
寒冷

オホーツク海気団
湿潤
寒冷

梅雨期

日本海

冬

夏
梅雨期

小笠原気団
湿潤
温暖

ち，中心付近の風速が 17.2 m/s以上になったものを台風という。前線をもたないのが特徴である。

知って
おきたい

海洋気団…湿っている。　大陸気団…乾燥している。
高緯度の気団…寒冷。　低緯度の気団…温暖。

⑤ 前線と天気 ★★★

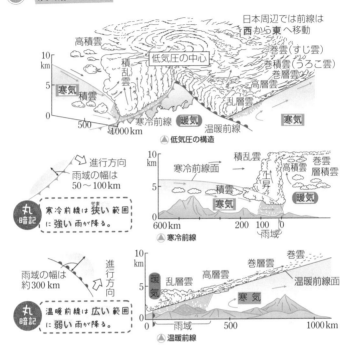

日本周辺では前線は**西**から**東**へ移動

高積雲
積乱雲
巻雲(すじ雲)
巻積雲(うろこ雲)
巻層雲
高層雲
乱層雲
積雲
寒気
寒気
低気圧の中心
寒冷前線 **暖気** 温暖前線
▲ 低気圧の構造

進行方向
雨域の幅は 50〜100 km

丸暗記 寒冷前線は**狭い範囲**に**強い**雨が降る。

積乱雲
寒冷前線面 →
高積雲
層積雲
積雲
上昇
寒気 **暖気**
雨域
▲ 寒冷前線

雨域の幅は約 300 km
進行方向

丸暗記 温暖前線は**広い範囲**に**弱い**雨が降る。

巻層雲
巻雲
乱層雲
高層雲
温暖前線面
暖気 **寒気**
雨域
▲ 温暖前線

知っておきたい 寒冷前線の通過後気温は**下がり**，風向は南よりから西または北よりに変わる。温暖前線の通過後気温は**上がり**，風向は**南**よりに変わる。

最重要事項暗記

寒冷は **激しい風雨**
寒冷前線　突風・雷雨

積乱雲
垂直型の雲

寒冷前線では，積乱雲が発生し，激しい雨が降る。

part
1
物理

part
2
化学

part
3
生物

part
4
地学

part
5
まとめ

入試直前確認テスト

次の問いに答えなさい。また，（　）にあてはまる語句を答えなさい。

- ☐ ❶ 性質の異なる空気の境界面を何というか。
- ☐ ❷ ❶の面が地表面と接する線を何というか。
- ☐ ❸ 寒気が暖気の下にもぐりこんでできる前線を何というか。
- ☐ ❹ 暖気が寒気の上にはい上がってできる前線を何というか。
- ☐ ❺ 寒冷前線が温暖前線に追いついてできる前線を何というか。
- ☐ ❻ 夏に北太平洋で発達し，温暖で湿っている気団を何というか。
- ☐ ❼ 冬に日本付近でよく見られる気圧配置を何というか。
- ☐ ❽ 冬にはどの方向の季節風がよく吹くか。
- ☐ ❾ 熱帯低気圧が発達し，中心付近の最大風速が17.2 m/s以上となった
  ものを何というか。
- ☐ ❿ 寒冷前線が通過すると，気温が（①　　　）がり，南よりの風が西または
  （②　　　）よりの風に変わる。
- ☐ ⓫ 下の連続した2日の天気図を見て答えよ。

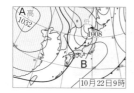 

10月22日9時　　　10月23日9時

①図のAの高気圧は，大陸にある気温や湿度がほぼ一様な空気の大
きなかたまりである。これを何というか。

②22日のB点と23日のC点付近の気圧を答えよ。

③日本付近の天気は，一般にどの方角からどの方角に移り変わって
いくか。東，西，南，北を使って答えよ。

解答 ❶ 前線面　❷ 前線　❸ 寒冷前線　❹ 温暖前線　❺ 閉塞前線
❻ 小笠原気団　❼ 西高東低　❽ 北西　❾ 台風　❿ ①下　②北
⓫ ①気団　②B−1016 hPa　C−1024 hPa　③西から東

28. 天体の日周運動と年周運動 3年

月　日

📎 図解チェック

1 天球と星の動き ★★★

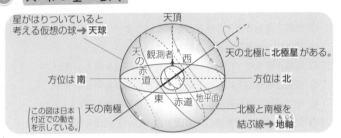

星がはりついていると考える仮想の球 → 天球

天頂

観測者

天の赤道

西

天の北極に北極星がある。

方位は南

方位は北

東　赤道　地平面

天の南極

この図は日本付近での動きを示している。

北極と南極を結ぶ線 → 地軸

🐰 知っておきたい　地球が西から東へ自転 → 星（天体）は東から西へ回転しているように見える。

カメラのシャッターを開けたままにすると星の動きが撮影できるよ。

2 星の日周運動 （北半球での星の動き）★★★

丸暗記

北の空の星は、1時間に 15°ずつ北極星を中心に反時計まわりに回転する。

北の空
24時間で
1回転。

東の空

西の空

南の空

🐰 知っておきたい　星の1日の動きを，星の日周運動 という。

③ 太陽の年周運動 ★★

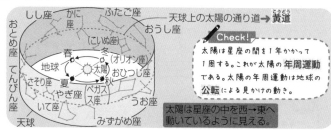

天球上の太陽の通り道→黄道

✏ Check!

太陽は星座の間を1年かかって1周する。これが太陽の**年周運動**である。太陽の年周運動は地球の**公転**による見かけの動き。

太陽は星座の中を西→東へ動いているように見える。

❶ 黄道付近にある12の星座を**黄道12星座**という。

❷ 太陽と反対側の星座が，真夜中に真南にくる星座である。

　　例 春の真夜中に見える星座は**おとめ座**

🐰 知っておきたい 地球は北極上空から見て反時計まわりに公転する。

④ 星の年周運動 ★★★

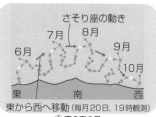

さそり座の動き

7月　8月
6月　　　　9月
　　　　　　　10月
東　　　南　　　西

東から西へ移動（毎月20日，19時観測）
▲南の空の星

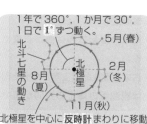

1年で360°，1か月で30°，1日で1°ずつ動く。
5月(春)
北斗七星の動き
北極星
8月(夏)　　2月(冬)
11月(秋)

北極星を中心に**反時計まわり**に移動
▲北の空の星

星は1年(365日)で1周するので，1日で360°÷**365**日→約1°/日

● 1日に約1°ずつ西に動く。1か月では**30°**西に動く。

● 1°は時間にすると1°÷15°/時間＝$\frac{1}{15}$時間＝4分

● 1か月は**30°**÷15°/時間＝2時間

🐰 知っておきたい 星の出入りや南中時刻は，1日に約4分，1か月で約2時間はやくなる。

part 1 物理
part 2 化学
part 3 生物
part 4 地学
part 5 まとめ

⑤ 太陽の日周運動 ★★★

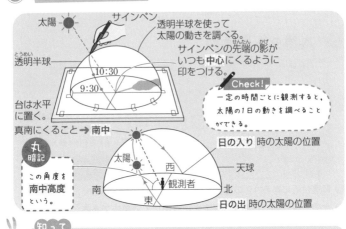

太陽 サインペン

透明半球を使って太陽の動きを調べる。
サインペンの先端の影がいつも中心にくるように印をつける。

透明半球

10:30
9:30

台は水平に置く。

Check!
一定の時間ごとに観測すると、太陽の1日の動きを調べることができる。

真南にくること→南中

丸暗記
この角度を**南中高度**という。

太陽 西
観測者
南 北
東

日の入り 時の太陽の位置
天球
日の出 時の太陽の位置

知っておきたい 南中高度は、1日のうちで最大の高度である。

⑥ 時刻と方位 ★★

❶ 標準時子午線(日本では東経135°の経線)上で太陽が南中した時刻がその国の正午である。

❷ 地球の自転方向は西から東である。

❸ 右のような北極上空から見た図では観測者の真上の方向が南であり、北極点の方向が北である。

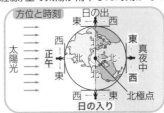

方位と時刻

太陽光

日の出
東 西

西
正午
東

東
真夜中
西

北極点

西 東
日の入り

最重要事項 暗記

北の空
北の空の星の動き

# 1日に1回
1日で1回転(360°)

反時計まわり
反時計まわりに動く

星や太陽の日周運動の速さは1時間に15°、1日で1回転。

入試直前確認テスト

次の問いに答えなさい。

□ ❶ 地球の自転は，どの方角からどの方角へ回転しているか。

□ ❷ 地球の自転にともなって起こる星や太陽の見かけの動きを何というか。

□ ❸ 地球の自転によって，太陽や星は1時間に何°動くように見えるか。

□ ❹ 天体が真南にくることを何というか。

□ ❺ 天体が真南にきたときの高度を何というか。

□ ❻ 透明半球を使って太陽の位置を調べるとき，透明半球上のペン先の影が，透明半球のどこと一致する点が太陽の位置となるか。

□ ❼ 地球の公転にともなう星や太陽の1年間にわたる見かけの動きを何というか。

□ ❽ 星の南中時刻は，1日に約何分ずつはやくなるか。

□ ❾ 星の南中時刻は，1か月に約何時間ずつはやくなるか。

□ ❿ 同じ時刻に見られる星座の位置は，日がたつにつれ，どの方角からどの方角へ動いていくか。

□ ⓫ 図は春分の日の地球の位置である。また，外側の円は，天球の黄道と黄道上の星座を示している。

①春分の日の真夜中に南中する星座はどれか。

②春分の日の明け方に真南に見える星座はどれか。

③春分の日の夕方に真南に見える星座はどれか。

④春分の日ごろに最も見えにくい星座はどれか。

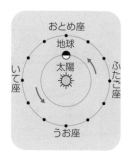

解答 ❶ 西から東　❷ 日周運動　❸ 15°　❹ 南中　❺ 南中高度
❻ 円の中心　❼ 年周運動　❽ 4分　❾ 2時間
❿ 東から西　⓫ ①おとめ座　②いて座　③ふたご座　④うお座

part 1 物理

part 2 化学

part 3 生物

part 4 地学

part 5 まとめ

29. 季節の変化，太陽と月 3年

✎ 図解チェック

① 季節による太陽の通り道の変化 ★★

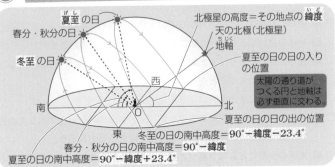

夏至の日

春分・秋分の日

冬至の日

北極星の高度＝その地点の**緯度**
天の北極（北極星）
地軸
夏至の日の日の入り
の位置

太陽の通り道が
つくる円と地軸は
必ず垂直に交わる。

西

南

北

夏至の日の日の出の位置

東　冬至の日の南中高度＝90°−緯度−23.4°
春分・秋分の日の南中高度＝90°−緯度
夏至の日の南中高度＝90°−緯度＋23.4°

知って
おきたい　春分・秋分の日の太陽は真東から出て真西に沈む。

② 地球の公転による南中高度の変化 ★★★

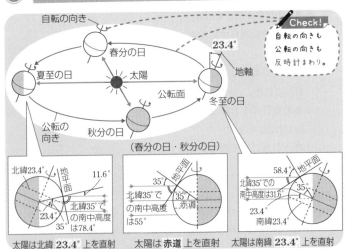

自転の向き

春分の日

Check!
自転の向きも
公転の向きも
反時計まわり。

23.4°
地軸

夏至の日　太陽

公転面

冬至の日

公転の
向き　秋分の日

（春分の日・秋分の日）

北緯23.4°　地平面
11.6°
北緯35°で
の南中高度
23.4°　は78.4°
35°

太陽は北緯 **23.4°** 上を直射

地平面
35°
北緯35°での
南中高度　35°
は55°　赤道

太陽は **赤道** 上を直射

58.4°　地平面
北緯35°での
南中高度は31.6°　35°
23.4°
南緯23.4°

太陽は南緯 **23.4°** 上を直射

得点UP! ● 太陽のつくりについて，特に表面と黒点の温度を覚えておく。
● 月の満ち欠けのようすと名称をおさえておく。

part 1 物理
part 2 化学
part 3 生物
part 4 地学
part 5 まとめ

③ 太陽のつくり ★★

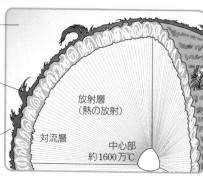

最も外側をとり巻いている気体 → コロナ

噴出する炎のような気体 → 紅炎 または プロミネンス

光球の外側をとり巻く気体 → 彩層

放射層（熱の放射）

対流層

中心部 約1600万℃

丸暗記
まわりより温度が低い部分 → 黒点（黒く見える。）

明るく見える太陽の表面 → 光球

知っておきたい
太陽の表面は6000℃，黒点は4000℃。

④ 太陽の黒点の移動 ★★

太陽の黒点を観察すると，時間とともに移動していることがわかる。また，中央部では円形に見えるが，周辺部ではゆがんでだ円形に見える。このことから，太陽は自転していること，太陽が球形をしていることがわかる。

丸暗記
黒点は地球の方位で東から西へ動いている。

太陽が自転しているから黒点が移動して見えるんだ。

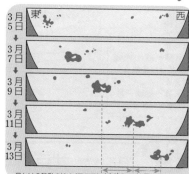

3月5日
↓
3月7日
↓
3月9日
↓
3月11日
↓
3月13日

東　　　　　　　西

見かけの移動の速さ（同日数）｜はやい｜おそい
▲太陽の黒点の移動

知っておきたい
太陽は，北極星のほうから見ると，地球と同じで反時計まわりに（地球の方位で東から西へ）自転している。

⑤ 月の満ち欠け★★★

月は地球の衛星であり，地球の北極側から見ると，反時計まわりに地球のまわりを**公転**している。そのため，見かけの形が変わる**満ち欠け**が起こる。

月は太陽の光を反射し，光って見える。

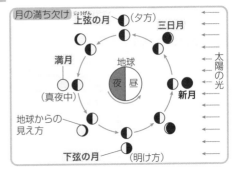

月の満ち欠け

上弦の月（夕方）
三日月
満月
（真夜中）
地球
夜　昼
地球からの見え方
新月
太陽の光
下弦の月（明け方）

入試で注意

Q 月がいつも同じ面を地球に向けているのはなぜか。 → → → A （例）月は自転周期と公転周期が同じだから。

知っておきたい

 月は1日に西から東に約12°ずつ動いて見える。

⑥ 日食・月食★★

丸暗記

● 日食
太陽－月－地球
の順に一直線上
● 月食
太陽－地球－月
の順に一直線上

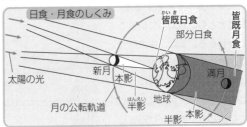

日食・月食のしくみ

皆既日食
部分日食
皆既月食
新月
太陽の光
月の公転軌道
本影
半影
地球
満月
半影
本影

最重要事項 暗記

何という ── 南中高度＝

井戸引く苦労は
90°－緯度

もう十分 ── 秋分

南中高度は**緯度**によって異なる。
春分・秋分の日の南中高度＝90°－緯度

南中高度
（この労はもうじゅうぶんですか）①

part
1
物理

part
2
化学

part
3
生物

part
4
地学

part
5
まとめ

入試直前確認テスト

次の問いに答えなさい。また, ( ) にあてはまる語句を答えなさい。

□ ❶ 右の図は, 日本の春分, 夏至, 秋分, 冬至のいずれかにおける地球の
位置を表したものである。

①地球の自転の向きは,
ア, イのどちらか。

②地球がAの位置にある
とき, 春分, 夏至, 秋分,
冬至のいつになるか。

③地球がBの位置にある
とき, 北緯35°での太陽の南中高度は ( ) °になる。

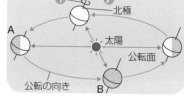

□ ❷ 黒点が太陽の表面を少しずつ移動しているのは, 太陽が ( ) して
いるためである。

□ ❸ 太陽の表面から炎のような形をして噴出している気体を何というか。

□ ❹ 太陽をとり巻く, 100万度以上もある高温のガスの層を何というか。

□ ❺ 右の図は, 月の満ち欠けを模式的に
示したものである。

①夕方南西の空に見える月はどれか。

②新月はどれか。

③一晩中見える月はどれか。

④明け方南の空に見える月はどれ
か。

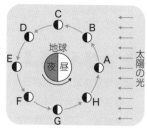

□ ❻ 日食のときの並び順は, ア 太陽−地球−月, イ 太陽−月−地球のどち
らか。

□ ❼ 月の公転周期と自転周期の長さは, (ア 同じ イ 自転周期のほうが
長い ウ 公転周期のほうが長い)。

解答 ❶ ①ア ②夏至 ③55 ❷ 自転 ❸ プロミネンス(紅炎)
❹ コロナ ❺①B ②A ③E ④G ❻イ ❼ア

30. 太陽系と惑星

3年

図解チェック

① 太陽系の構造 ★★

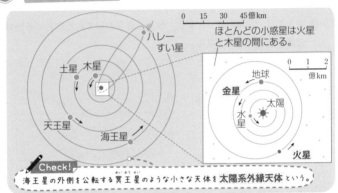

ハレーすい星

0　15　30　45億km

ほとんどの小惑星は火星と木星の間にある。

土星　木星

天王星

海王星

0　1　2億km

地球

金星

太陽

水星

火星

Check! 海王星の外側を公転する冥王星のような小さな天体を**太陽系外縁天体**という。

丸暗記
太陽系の惑星には，太陽に近いほうから，水星，金星，地球，火星，木星，土星，天王星，海王星の8つがある。

知っておきたい
太陽系は，太陽，惑星，衛星，小惑星，すい星などからなる。

② 太陽系の惑星の特徴 ★★

❶ 地球型惑星…主に岩石からなり，半径・質量が**小さく**密度が**大きい**。
- ●水星…大気がほぼない。多数の**クレーター**がある。満ち欠けする。
- ●金星…二酸化炭素の大気。**よい**の明星・**明け**の明星として見える。
- ●地球…雲や**水**で覆われている。表面の70％は海。
- ●火星…酸化鉄のため**赤**く見える。極付近には氷でできた極冠がある。

❷ 木星型惑星…主に気体からなり，半径・質量が**大きく**密度が**小さい**。
- ●木星…太陽系最大の惑星（地球の直径の11倍）。しま模様や**大赤斑**がある。
- ●土星…特徴的な円盤状のリング（環）をもつ。
- ●天王星・海王星…大気に水素・ヘリウムのほかにメタンを含むため青く見える。天王星は自転軸が横倒しになっている。

part
1
物理

part
2
化学

part
3
生物

part
4
地学

part
5
まとめ

得点 UP! ● 太陽系の惑星の名前と並び順をしっかり覚えておく。
● 金星の見える方角と見え方を理解しておく。

③ 惑星の内部のようす★

地球型惑星は主に岩石や金属から，木星型惑星は主に水素やヘリウムなどの軽い物質からできている。

地殻
（アルミニウムなどを含む岩石）

大気

マントル
鉄・マグネシウムなどを含む岩石

外核
液状の鉄，ニッケルの合金

内核
固体の鉄，ニッケルの合金

地球型惑星

Check!
水星，金星，火星は，地球とよく似た内部構造をもっている。

大気
（水素とヘリウム）
液体状の水素とヘリウム
液体の金属状の水素とヘリウム
岩石および鉄，ニッケルの合金

核

木星型惑星

知って
おきたい
地球型惑星（水星，金星，火星）は，密度が地球とほぼ同じくらいで，表面は岩石でできている。

④ 金星の見え方★★★

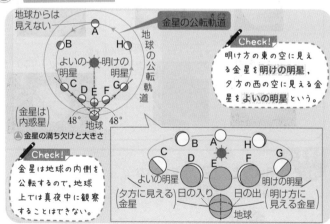

地球からは見えない

A

B   H
よいの
明星   明けの
明星

C D E F G
48° 地球 48°

（金星は内惑星）

金星の公転軌道

地球の公転軌道

Check!
明け方の東の空に見える金星を明けの明星，夕方の西の空に見える金星をよいの明星という。

◉金星の満ち欠けと大きさ

Check!
金星は地球の内側を公転するので，地球上では真夜中に観察することはできない。

C B A H
D E F G
よいの明星   明けの明星
（夕方に見える）   日の入り 日の出   （明け方に見える金星）
金星   地球

知って
おきたい
天体望遠鏡で見ると，上下・左右が反対に見える。

⑤ 太陽系外の天体 ★★

❶ 銀河と銀河系…恒星がとてつもなく多く
集まったものを銀河という。太陽系のあ
る銀河を銀河系といい，銀河系以外にも
数多くの銀河が存在している。

▲ 銀河系を横から見た図

❷ 恒星の距離と明るさ…恒星までの距離は，光が１年間に進む距離を１光
年として表す。また，恒星の見かけの明るさは等級で表す。

同じ等級では，遠くにある恒星ほど実際は明るい。

**知って
おきたい** 太陽系がある銀河系は数多くの銀河の１つ。

⑥ 惑星表面のようす ★

木星型惑星はすべて
リングをもつよ。

水星 	**金星** **二酸化炭素** の大気，硫酸の雲。 	**火星** 二酸化炭素のうすい大気。
木星 	**木星の大赤斑** 巨大な渦 ↓ **大赤斑**	**土星** 細かい 氷の粒からなるリング 

**最重要事項
暗記**

明け方と **夕方**きれいな
明け方に　　夕方に
明けの明星　よいの明星

金閣だ
金星

明け方，東の空に輝く→明けの明星
夕方，西の空に輝く→よいの明星

明け方
夕方は
キレイ
だ

入試直前確認テスト

次の問いに答えなさい。また，（　）にあてはまる語句を答えなさい。

☐ ❶ 自らは光を出さず，太陽のまわりを公転している8個の大きな天体を何というか。

☐ ❷ 惑星のまわりを回る天体を何というか。

☐ ❸ 氷の粒や細かなちりなどからできていて，細長いだ円軌道で太陽のまわりを回っている天体を何というか。

☐ ❹ 主に火星と木星の軌道の間にある多数の小天体を何というか。

☐ ❺ 太陽とそれを中心とした惑星などの天体の集まりを何というか。

☐ ❻ 図を見て①，②の問いにA~Eの記号で答えよ。

①明け方見える金星はどれか。すべて答えよ。

②半月のように見え，左側（東側）が光って見える金星はどれか。

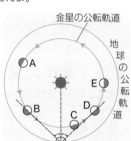

☐ ❼ 夕方の西の空に見える金星を何というか。

☐ ❽ 太陽系の中で，金星のように大きく満ち欠けをする惑星を1つあげなさい。

☐ ❾ 太陽系の中で，最も大きい惑星は何か。

☐ ❿ 地球型惑星の特徴は，岩石でできていて密度が（　　）いことである。

☐ ⓫ 木星型惑星には，木星・土星・海王星のほかに何があるか。

☐ ⓬ 光が1年間に進む距離の単位を何というか。

☐ ⓭ 太陽系を含む，約2000億個の恒星の大集団を何というか。

☐ ⓮ ⓭と同じような恒星の大集団を何というか。

解答 ❶ 惑星　❷ 衛星　❸ すい星　❹ 小惑星　❺ 太陽系

❻ ①C，D，E　②D　❼ よいの明星　❽ 水星　❾ 木星

❿ 大き　⓫ 天王星　⓬ 光年　⓭ 銀河系　⓮ 銀河

1. 入試に出るグラフ12

フックの法則

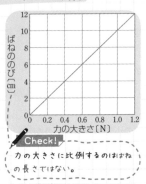

Check!

力の大きさに比例するのはばね
の長さではない。

ばねののびは加えた力の大きさに
比例する。

水の深さと圧力

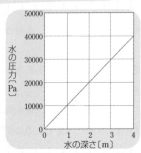

水の圧力(**水圧**)は,水の深さに比例
(水深1cmで約100Pa増加)する。

同じ深さでは水圧の大きさは等し
い。

電流と電圧,発熱量の変化

❶ 電流と電圧,抵抗の関係

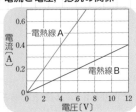

電流は電圧に比例しており,こ
のグラフでは同じ電圧で,流れる
電流の大きさは電熱線**A**のほう
が電熱線**B**より大きい。

同じ電圧では,抵抗は電流に反
比例することから,電熱線**B**より
電熱線**A**のほうが抵抗の値が小
さいことがわかる。

❷ 電力と発熱量の関係

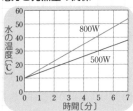

発熱量は,電流を流す時間に比
例している。ワット数の大きい電
熱器のほうが水の温度が高くなっ
ていることから,ワット数の小さ
い電熱器より発熱量が大きいこと
がわかる。

また,一般に,発熱量は電力に
比例している。

等速直線運動

❶ 時間と移動距離との関係

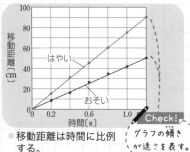

- 移動距離は時間に比例する。

Check! グラフの傾きが速さを表す。

❷ 時間と速さの関係

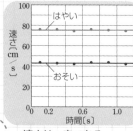

- 速さは一定である。

速さの変わる運動

❶ テープを切って並べたグラフ

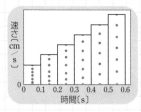

記録タイマーによって記録されたテープ上の打点の間隔は，一定時間に物体が移動した距離，すなわち，速さを表す。

例えば，物体が斜面を下り，速さが大きくなる運動において，60Hzの交流式記録タイマーを用いた場合，6打

❷ 速さと時間のグラフ

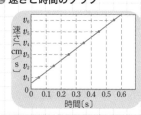

❸ 移動距離(位置)と時間のグラフ

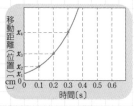

点ごとにテープを切って(0.1秒ごとの位置を示す)，それを時間の経過とともにはると図❶ができる。これをグラフにすると図❷となる。

図❷において，横軸とグラフの直線と時間 t で引いた縦線とで囲んだ図形の面積が，時間 t 秒後の移動距離を示す。

この移動距離(位置)と時間の関係を表したグラフが図❸である。

物体の高さと位置エネルギー

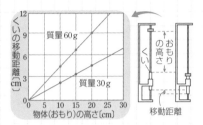

くいの移動距離はエネルギーの大きさに比例する。

おもりの位置エネルギーは基準とする面からの高さによって決まり、物体の質量（重さ）と物体の高さに比例する。

物体の質量と運動エネルギー

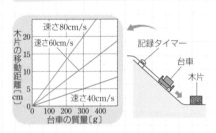

木片の移動距離はエネルギーの大きさに比例する。運動エネルギーは、物体の質量に比例し、速さの2乗に比例する。

※グラフの速さは木片に衝突する直前の台車の速さをスピードメーターで測定したもの。

水の状態変化

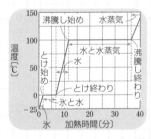

純粋な物質（純物質）の沸点や融点は一定の値を示し、状態変化が起こっているときの温度は変わらない。

混合物を加熱したときは、沸点・融点ともに一定の値にならない。

溶解度曲線

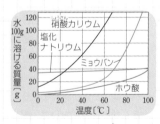

一定量の水（100g）に溶かすことができる物質の限度量をその物質の溶解度という。また、そのグラフを溶解度曲線という。

一般に、固体の溶解度は水温が高いほど大きくなる。

固体の析出量

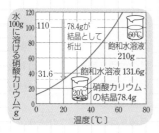

　60℃で飽和している硝酸カリウム水溶液210g(水100g＋硝酸カリウム110g)を20℃まで冷やすと，100gの水に溶ける硝酸カリウムの質量は31.6gなので，

110－31.6＝78.4〔g〕

の硝酸カリウムが析出する。

　このようにして結晶をとり出す方法を再結晶(法)という。

化学変化における質量変化

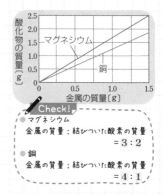

Check!

● マグネシウム
　金属の質量：結びついた酸素の質量
　　　　　　　　　　　　　　＝3：2

● 銅
　金属の質量：結びついた酸素の質量
　　　　　　　　　　　　　　＝4：1

　同じ質量の金属を酸化させても，生成する酸化物の質量は金属の種類によって異なる。このとき，金属の質量を変えて酸化させると，生成する酸化物の質量はもとの金属の質量に比例する。

飽和水蒸気量と気温

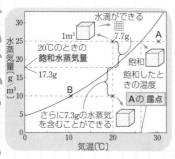

　20℃で1m³中に17.3gの水蒸気を含んでいる空気は，もうこれ以上の水蒸気を含むことはできない。このように，限度の量まで水蒸気を含んでいる空気の状態を**飽和**という。

　1m³中に25.0gの水蒸気を含んでいる**A**の空気を20℃に下げると，25.0－17.3＝7.7〔g〕の水蒸気が水滴になる。

　逆に，1m³中に10.0gの水蒸気を含んで飽和している**B**の空気は，20℃に上げると，さらに17.3－10.0＝7.3〔g〕の水蒸気を含むことができる。

🗒 2. 入試に出る観察・実験の基本操作 10

メスシリンダーの使い方

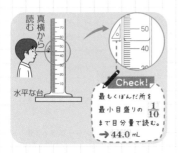

Check!
最もくぼんだ所を
最小目盛りの $\frac{1}{10}$
まで目分量で読む。
→ 44.0 mL

❶ 安定した水平な台の上にのせる。

❷ 目の位置を液面の高さに合わせ，液面の最もくぼんだ所を真横から読みとる。

❸ 目盛りは最小目盛りの $\frac{1}{10}$ まで目分量で読む。

蒸留のしかた

液体を加熱して一度気体とし，それを冷却して再び液体にすると，純粋な液体が得られる。これを蒸留という。混合物の液体では沸点の違いによりそれぞれの物質に分けられる。沸騰石は急に沸騰して液体が飛び出さないようにするために入れる。

固体を加熱するときの注意

❶ 固体を加熱して気体を発生させるときは，その固体から出てきた液体が加熱部につくと試験管が割れるので，試験管の口を少し下に向ける。

ガラス管を引き上げてから
ガスバーナーの火をとめる。

口を少し下に向ける。

❷ ガラス管を水中につけたままガスバーナーの火を消すと，試験管内が冷やされて気圧が下がるために水が試験管内に逆流してくるので注意する。

ガスバーナーの使い方

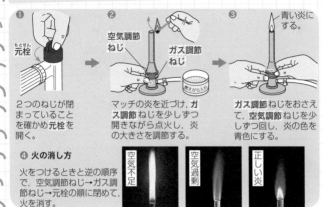

❶ **元栓**

2つのねじが閉まっていることを確かめ元栓を開く。

❷ 空気調節ねじ　ガス調節ねじ

燃えながら入れ

マッチの炎を近づけ，**ガス調節**ねじを少しずつ開きながら点火し，炎の大きさを調節する。

❸ 青い炎にする。

ガス調節ねじをおさえて，**空気調節**ねじを少しずつ回し，炎の色を青色にする。

❹ 火の消し方

火をつけるときと逆の順序で，空気調節ねじ→ガス調節ねじ→元栓の順に閉めて，火を消す。

空気不足　空気過剰　正しい炎

ろ過の方法

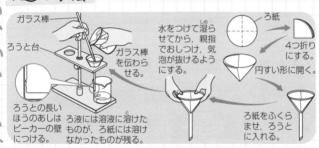

ガラス棒

ろうと台

ガラス棒を伝わらせる。

ろうとの長いほうのあしはビーカーの壁につける。

ろ液には溶液に溶けたものが，ろ紙には溶けなかったものが残る。

水をつけて湿らせてから，親指でおしつけ，気泡が抜けるようにする。

ろ紙

4つ折りにする。

円すい形に開く。

ろ紙をふくらませ，ろうとに入れる。

気体の捕集法

❶ 二酸化炭素

うすい塩酸

石灰石

下方置換法

二酸化炭素

ガラス管は底のほうまで入れる。

❷ アンモニア

ガラス管は上まで入れる。

塩化アンモニウムと水酸化カルシウム

アンモニア

上方置換法

口を少し下げる。

❸ 水素

うすい塩酸

亜鉛

水素

水上置換法

水素・酸素など水に溶けにくい気体の捕集法

顕微鏡観察の手順

❶ 反射鏡としぼりを調節して視野全体が明るくなるようにする。

❷ プレパラートをステージにのせ、横から見ながら調節ねじを回して**対物レンズ**とプレパラートを近づける。

低倍率から高倍率に！

❸ **接眼レンズ**をのぞきながら調節ねじを回し、対物レンズとプレパラートを離しながらピントを合わせる。

❹ 倍率を変えるときは、観察したいものを視野の中央に置いて**レボルバー**を回す。

タマネギの根の細胞分裂の観察

❶ タマネギの**根端**を5mmほど切りとる。

60℃の湯　うすい塩酸　根

❷ 60℃のうすい塩酸の中で数分間あたため、細胞壁をやわらかくする。

柄つき針

❸ 水洗いした根端をスライドガラスにのせ、柄つき針でほぐす。

酢酸カーミン液

❹ 酢酸カーミン液（または酢酸オルセイン液、酢酸ダーリア液）で染色し、数分待つ。

❼ 最初は**低倍率**で、次に高倍率で観察する。

❻ カバーガラスの上からろ紙をかぶせ、細胞をおしつぶすようにして広げる。

ピンセット

❺ 空気が入らないようにしながらカバーガラスをかける。

透明半球による太陽の日周運動の観測

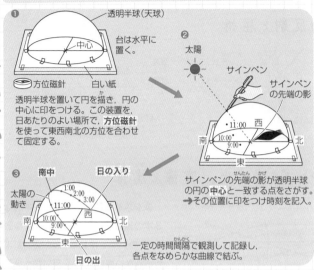

❶

- 透明半球(天球)
- 中心
- 台は水平に置く。
- 方位磁針
- 白い紙

透明半球を置いて円を描き，円の中心に印をつける。この装置を，日あたりのよい場所で，**方位磁針**を使って東西南北の方位を合わせて固定する。

❷

- 太陽
- サインペン
- サインペンの先端の影
- 11:00 西
- 南
- 10:00
- 9:00
- 北
- 東

サインペンの先端の影が透明半球の円の**中心**と一致する点をさがす。
→その位置に印をつけ時刻を記入。

❸

- 南中
- 日の入り
- 1:00
- 2:00
- 3:00
- 太陽の動き
- 11:00 西
- 南
- 10:00
- 9:00
- 北
- 東
- 日の出

一定の時間間隔で観測して記録し，各点をなめらかな曲線で結ぶ。

星座早見の使い方

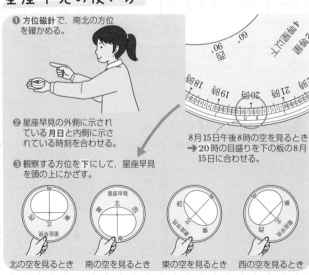

❶ 方位磁針で，南北の方位を確かめる。

❷ 星座早見の外側に示されている月日と内側に示されている時刻を合わせる。

8月15日午後8時の空を見るとき
→20時の目盛りを下の板の8月15日に合わせる。

❸ 観察する方位を下にして，星座早見を頭の上にかざす。

北の空を見るとき　南の空を見るとき　東の空を見るとき　西の空を見るとき

📖 3. 入試に出る作図のポイント 6

光の反射と屈折

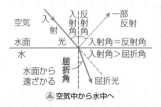

空気　入射　反射　一部反射
入射角＝反射角
水面　入射光　屈折角
入射角＞屈折角
水中から遠ざかる　屈折光

🔵 空気中から水中へ

空気　屈折光
屈折角
水面に近づく　入射角＜屈折角
水面　入射角＝反射角
反射角
入射光　入射角　一部反射

🔵 水中から空気中へ

凸レンズを通る光, 実像と虚像

凸レンズの軸に平行な光は**焦点**を通る。

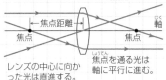

焦点距離
焦点　軸　焦点

レンズの中心に向かった光は直進する。

焦点を通る光は軸に平行に進む。

像を求めるには, 図中の基本的な3本の線のうちの2本を用いて作図し, その交点を得ればよい。交点が求められない場合は, 光を反対側へ延長して点線で描き, その交点に像ができる。(この場合の像を**虚像**という。)

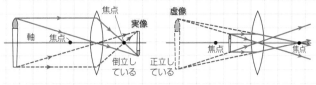

軸　焦点　焦点　**実像**　倒立している

虚像　焦点　焦点　正立している

力の表し方と力のはたらき

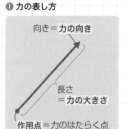

❶ 力の表し方

向き＝力の向き

長さ＝力の大きさ

作用点＝力のはたらく点

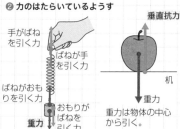

❷ 力のはたらいているようす

手がばねを引く力
ばねが手を引く力
ばねがおもりを引く力
おもりがばねを引く力
重力

垂直抗力
机
重力

重力は物体の中心から引く。

音の高低と大小

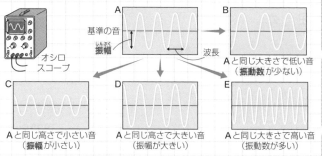

オシロスコープ

基準の音
振幅（しんぷく）
波長

A → B：Aと同じ大きさで低い音（振動数が少ない）

C：Aと同じ高さで小さい音（振幅が小さい）

D：Aと同じ高さで大きい音（振幅が大きい）

E：Aと同じ大きさで高い音（振動数が多い）

振り子のエネルギー（エネルギーの変換〔へんかん〕）

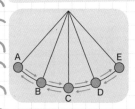

エネルギーは変換してもその総量は変わらない。

位置エネルギー＋運動エネルギー＝一定

位置エネルギーと運動エネルギーの和を**力学的エネルギー**という。

	A	→	B	→	C	→	D	→	E	→	D	→	C	→	B	→	A
運動エネルギー	0		増加		最大		減少		0		増加		最大		減少		0
位置エネルギー	最大		減少		0		増加		最大		減少		0		増加		最大

力の合成・分解

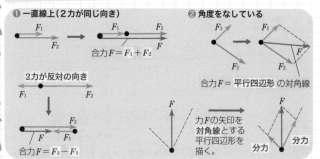

❶ 一直線上（2力が同じ向き）

F_1　F_2

合力 $F = F_1 + F_2$

2力が反対の向き

F_1　F_2

合力 $F = F_2 - F_1$

❷ 角度をなしている

F_1　F_2

合力 $F =$ 平行四辺形 の対角線

F

力 F の矢印を対角線とする平行四辺形を描く。

分力

🔲 4. 入試に出る計算問題 12

圧 力

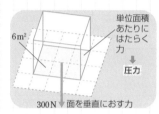

$$圧力 = \frac{300N}{6m^2} = 50Pa$$

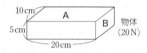

- Aを底面にした場合

$$\Rightarrow \frac{20}{0.2 \times 0.1} = 1000\,Pa$$

- Bを底面にした場合

$$\Rightarrow \frac{20}{0.1 \times 0.05} = 4000\,Pa$$

水圧と浮力

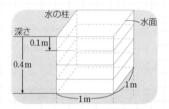

- 1m×1m×0.1mの水の柱

➡質量100kg＝1000N

- 0.4mの深さにおける水圧

$$\Rightarrow \frac{4000\,N}{1m^2} = 4000\,Pa = 40\,hPa$$

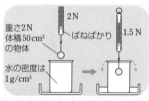

浮力＝2N－1.5N＝0.5N

Check!

あふれ出た液体 ＝ 物体の体積
の体積(50cm³)　　(50cm³)

あふれ出た液体 ＝ 物体にはたらく
の重さ(0.5N)　　浮力(0.5N)

電流・電圧・抵抗

$$R = \frac{V}{I} = \frac{6V}{0.3\,A}$$
$$= 20\,\Omega$$

$$R = 5\,\Omega + 10\,\Omega = 15\,\Omega$$
$$V = RI$$
$$= 15\,\Omega \times 0.4\,A = 6V$$

$$\frac{1}{R} = \frac{1}{10} + \frac{1}{30}$$
$$\Rightarrow R = 7.5\,\Omega$$
$$I = \frac{V}{R} = \frac{6V}{7.5\,\Omega} = 0.8\,A$$

電力・発熱量

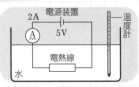

●電熱線の電力

$$2A \times 5V = 10W$$

●1分間電流を流したときの発熱量

電力×時間

$$= 10W \times 60s = 600J$$

電流が流れ始めてからの時間〔分〕	0	1	2	3
水温〔℃〕	23.2	25.0	26.8	28.6

表から，1分間で上昇した温度は1.8℃

熱量〔J〕=4.2×水の質量〔g〕×上昇温度〔℃〕だから，上の装置の水の質量 x〔g〕は，電流による発熱量=水が得た熱量と考えると，

$$600 = 4.2 \times x \times 1.8$$

$x = 79.36\cdots$より，小数第2位を四捨五入して，79.4〔g〕

台車の速さ

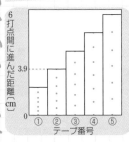

1分間に60打点する記録タイマーの場合，テープを6打点するのにかかる時間

$$= \frac{1}{60} \times 6 = 0.1s$$

テープ②の区間の台車の平均の速さは，

$$3.9cm \div 0.1s = 39cm/s$$

仕事・仕事率

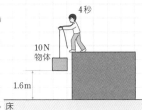

仕事=10N×1.6m=16J

仕事率=16J÷4s=4W

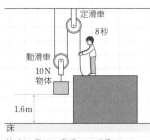

仕事=5N×3.2m=16J

仕事率=16J÷8s=2W

密 度

物質の密度 $= \dfrac{50\,\mathrm{g}}{(2 \times 2 \times 2)\,\mathrm{cm}^3}$

$= 6.25\,\mathrm{g/cm}^3$

質量パーセント濃度

質量パーセント濃度

$= \dfrac{25\,\mathrm{g}}{(100 + 25)\,\mathrm{g}} \times 100 = 20\,\%$

反応する物質の割合

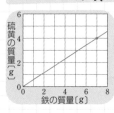

鉄21gと反応する硫黄の質量 x〔g〕は，

鉄：硫黄 $= 7 : 4 = 21 : x$ より，

$7x = 4 \times 21$

$x = \dfrac{4 \times 21}{7} = 12\,\mathrm{g}$

飽和水蒸気量と湿度

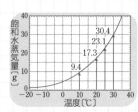

グラフから，空気 $1\,\mathrm{m}^3$ 中に20℃で最大 **17.3** g，25℃で最大 **23.1** gの水蒸気を含むことができる。

25℃で $1\,\mathrm{m}^3$ あたり17.3gの水蒸気量を含む空気の場合，

湿度〔％〕 $= \dfrac{\text{空気}\,1\,\mathrm{m}^3\text{中に含まれている水蒸気量〔g〕}}{\text{その気温での空気}\,1\,\mathrm{m}^3\text{中の飽和水蒸気量〔g〕}} \times 100$

$= \dfrac{17.3\,\mathrm{g/m}^3}{23.1\,\mathrm{g/m}^3} \times 100 = 74.89\cdots$

小数第2位を四捨五入すると，湿度は **74.9** ％

また，25℃で湿度55％のとき，$1\,\mathrm{m}^3$ あたりに含まれる水蒸気量は，

$23.1\,\mathrm{g} \times \dfrac{55}{100} = 12.705$

小数第2位を四捨五入すると，**12.7** g

part
1
物理
part
2
化学
part
3
生物
part
4
地学
part
5
まとめ

地震によるゆれ

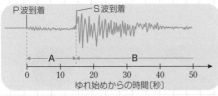

✏️**Check!**

Aのゆれが始まってからBのゆれが始まるまでの時間
↓
初期微動継続時間

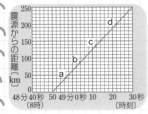

観測地点	初期微動が始まった時刻	震源からの距離
a	8時48分57秒	44km
b	8時49分04秒	86km
c	8時49分12秒	134km
d	8時49分22秒	200km

←上の表の結果をグラフにする。

上のグラフから地震の発生時刻を読みとる。

↓

地震の発生時刻は,
8時48分50秒頃

a地点からb地点までの距離
$= 86km - 44km = 42km$

P波の伝わる速さ
$$= \frac{42km}{49分04秒 - 48分57秒} = \frac{42km}{7s}$$
$$= 6km/s$$

太陽の動き(日の出・日の入りの時刻)

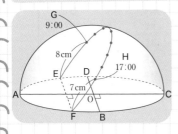

GとHの間の各点(間隔はいずれも3cm)は1時間ごとに記録したもの。

EG=8cm, FH=7cm

北半球では太陽は南の空を通るので,点Cが南で点Aが北であり,日の出の位置は点E,日の入りの位置は点F。

8cm動くのに要する時間は, $8 \div 3 = 2\frac{2}{3}$(2時間40分)

日の出の時刻は, $9:00 - 2:40 = 6:20$

7cm動くのに要する時間は, $7 \div 3 = 2\frac{1}{3}$(2時間20分)

日の入りの時刻は, $17:00 + 2:20 = 19:20$

📋 5. 入試に出る化学式・化学反応式

単体

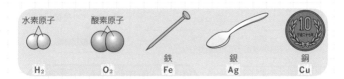

水素原子	酸素原子	鉄	銀	銅
H_2	O_2	Fe	Ag	Cu

化合物

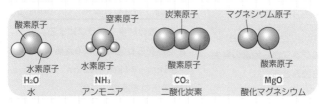

水素原子 酸素原子	窒素原子 水素原子	炭素原子 酸素原子	マグネシウム原子 酸素原子
H_2O 水	NH_3 アンモニア	CO_2 二酸化炭素	MgO 酸化マグネシウム

主な元素記号

原子の種類	元素記号	原子の種類	元素記号
マグネシウム	Mg	水素	H
ナトリウム	Na	酸素	O
カルシウム	Ca	炭素	C
銀	Ag	窒素	N
銅	Cu	塩素	Cl
鉄	Fe	硫黄	S

主な化学式

物質名	化学式	物質名	化学式
酸素	O_2	酸化銅	CuO
銅	Cu	アンモニア	NH_3
水	H_2O	酸化マグネシウム	MgO
二酸化炭素	CO_2	塩化水素(塩酸)	HCl
塩化ナトリウム	NaCl	水酸化ナトリウム	NaOH

化学反応式の書き方

水素原子　水素原子　　　酸素原子　　　　　　　酸素原子　　酸素原子
  ＋ ⟶
　　　　　　　　　　　　　　　　　　　　　　　　水素原子　　水素原子

❶ 反応させる物質の化学式を左辺に，反応してできた物質の化学式を右辺に書き，矢印で結ぶ。

$$H_2 + O_2 \longrightarrow H_2O$$

❷ 左辺に酸素原子が2個あるので，右辺の水分子を2個にして酸素原子の数を同じにする。

$$H_2 + O_2 \longrightarrow 2H_2O$$

❸ ❷で右辺に水素原子が4個あるので，左辺の水素分子を2個にして水素原子の数を同じにする。

$$2H_2 + O_2 \longrightarrow 2H_2O$$
水素2分子　酸素1分子　水2分子

✎ Check!
化学式を使って，化学変化のようすを表したものを，化学反応式という。

主な化学反応式

● マグネシウムの燃焼　　　　　　$2Mg + O_2 \longrightarrow 2MgO$

● 鉄と硫黄の反応　　　　　　　　$Fe + S \longrightarrow FeS$

● 塩酸と水酸化ナトリウム水溶液　$HCl + NaOH \longrightarrow NaCl + H_2O$
　の中和

● 水の分解　　　　　　　　　　　$2H_2O \longrightarrow 2H_2 + O_2$

● 酸化銀の分解　　　　　　　　　$2Ag_2O \longrightarrow 4Ag + O_2$

● 炭酸水素ナトリウムの分解　　　$2NaHCO_3$
　　　　　　　　　　　　　　　　　　$\longrightarrow Na_2CO_3 + H_2O + CO_2$

● 炭素の燃焼　　　　　　　　　　$C + O_2 \longrightarrow CO_2$

● 酸化銅の還元　　　　　　　　　$2CuO + C \longrightarrow 2Cu + CO_2$
　　　　　　　　　　　　　　　　$CuO + H_2 \longrightarrow Cu + H_2O$

● 亜鉛と塩酸の反応　　　　　　　$Zn + 2HCl \longrightarrow ZnCl_2 + H_2$

● 硫酸と水酸化バリウム水溶液　　$H_2SO_4 + Ba(OH)_2$
　の反応　　　　　　　　　　　　　　$\longrightarrow BaSO_4 + 2H_2O$

● 炭酸水素ナトリウムと塩酸　　　$NaHCO_3 + HCl$
　の反応　　　　　　　　　　　　　　$\longrightarrow NaCl + CO_2 + H_2O$

● 硝酸と水酸化カリウム水溶液　　$HNO_3 + KOH$
　の反応　　　　　　　　　　　　　　$\longrightarrow KNO_3 + H_2O$

📔 6. 入試に出る公式・法則・原理 35

● **光の反射**…鏡で光が反射するとき，入射角＝反射角の関係がなりたつ。これを**反射の法則**という。

● **光の屈折**…異なる物質に光が進むとき，境界面で進む向きが変わる。（空気中からガラスへ進む場合，入射角＞屈折角）

● **フックの法則**…ばねののびは，ばねにはたらく力の大きさに**比例**する。

● **圧力**…単位面積（1 m²）あたりに**垂直**にはたらく力を圧力という。

$$圧力(Pa(N/m^2)) = \frac{力の大きさ(N)}{力を受ける面積(m^2)}$$

$$1\,Pa\,(\text{パスカル}) = 1\,N/m^2\,(\text{ニュートン毎平方メートル}) \qquad 100\,Pa = 1\,hPa\,(\text{ヘクトパスカル})$$

● **電流**

　❶ 直列になっている部分では，

　$I = I_1 = I_2 = I_3$

　❷ 並列になっている部分では，

　$I = I_1 + I_2 = I$

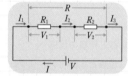

❶ 直列回路

❷ 並列回路

● **電圧**

　❶ 直列回路の電源電圧は，

　$V = V_1 + V_2$

　❷ 並列回路では，$V = V_1 = V_2$

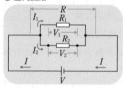

● **抵抗**

　❶ 直列に接続した場合，$R = R_1 + R_2$ （R：合成抵抗）

　❷ 並列に接続した場合，$\dfrac{1}{R} = \dfrac{1}{R_1} + \dfrac{1}{R_2}$

　　2つの抵抗の場合，$R = \dfrac{R_1 R_2}{R_1 + R_2}$

● **オームの法則**

　電圧 V(V) ＝ 抵抗 R(Ω) × 電流 I(A)

● **電力**

　電力 P(W) ＝ 電圧 V(V) × 電流 I(A)

part
1
物理

part
2
化学

part
3
生物

part
4
地学

part
5
まとめ

● **電流による発熱量(熱量)**

熱量 Q(J)=電圧 V(V)×電流 I(A)×時間 t(s)

　　　　 =電力 P(W)×時間 t(s)

● **電力量**…熱量と同じ式によって求められる。

● **電流がつくる磁界**

❶ 直線状の導線の場合　　　　**❷ 筒状のコイルの場合**

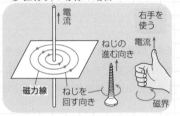
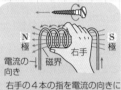

右手の4本の指を電流の向きに
合わせると親指のさす向きが
磁界の向き(N極)となる。

● **磁界から電流が受ける力**

❶ 力の向き…磁界にも電流にも**垂直**
な向き

❷ 力の大きさ…磁界の強さや電流の
大きさに **比例**する。

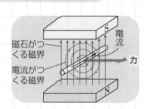

● **物体の運動の速さ**(単位時間あたりに進んだ距離)

速さ(m/s)=動いた距離(m)÷要した時間(s)

● **慣性の法則**…物体にかかる力の合力が0のとき,静止している物体は静止し続け,動いている物体は**等速直線運動**をし続ける。このような物体の性質を**慣性**といい,この法則を**慣性の法則**という。

● **作用・反作用**…物体に力をはたらかせるとき,物体からも**反対**向きに同じ大きさの力が一直線上ではたらく。

● **仕事・仕事率**

仕事(J)=力の大きさ(N)×力の向きに動いた**距離**(m)

仕事率(W)=仕事(J)÷仕事に要した時間(s)

● **仕事の原理**…物体を動かすとき,いろいろな道具(定滑車,動滑車,てこ,斜面など)を使っても仕事の大きさは**変わらない**。

●**エネルギーの保存**…エネルギーには，力学的エネルギーのほかに熱エネルギー，光エネルギーなどいろいろな種類があり，それらは互いに移り変わるが，エネルギーの総和は一定である。これをエネルギーの保存という。

●**物質の密度**…物質1cm³あたりの質量の大きさを密度といい，同じ物質では，一定の温度で一定の値を示す。

$$密度〔g/cm^3〕=\frac{物質の質量〔g〕}{物質の体積〔cm^3〕}$$

●**状態変化**…物質が温度によって，固体・液体・気体の3つの状態に変化することを状態変化という。固体から液体に変わるときの温度を融点，液体から気体に変わるときの温度を沸点という。純粋な物質(純物質)では一定の温度を示す。

●**質量パーセント濃度**

$$質量パーセント濃度〔％〕=\frac{溶質の質量〔g〕}{溶液の質量〔g〕}×100$$

(溶液の質量＝溶媒の質量＋溶質の質量)

●**化学反応式のつくり方**…化学反応式の左辺と右辺の原子の種類とその数が等しくなるように係数をつける。

●**質量保存の法則**…化学変化が起こったとき，反応前の物質の質量の総和と，反応後の物質の質量の総和は変わらない。

●**定比例の法則**…1つの化合物中の成分元素の質量比は一定である。(水の場合，それを構成する水素と酸素の質量比はつねに1：8で，酸化銅や酸化マグネシウムの場合，銅：酸素＝4：1，マグネシウム：酸素＝3：2 になる。)

●**電池の原理**…塩酸などの電流が流れる水溶液に2種類の金属を入れ，導線で結ぶと化学電池ができる。化学電池は，化学エネルギーを電気エネルギーに変換してエネルギーをとり出している。燃料電池は，水素と酸素から水をつくる化学変化のときに，電気エネルギーをとり出す電池である。

●**酸**…青色リトマス紙を赤色に変え，金属と反応して**水素**を発生する。また，BTB液と反応して黄色を示す。電解質の水溶液で，水に溶けて**水素イオン(H⁺)**を生じる。

●**アルカリ**…赤色リトマス紙を青色に変え，BTB液と反応して青色を示す。また，フェノールフタレイン液を**赤色**に変える。電解質の水溶液で，水に溶けて**水酸化物イオン(OH⁻)**を生じる。

●**中和**…酸の水溶液とアルカリの水溶液を混ぜると，互いの性質を打ち消し合う。これを**中和**という。中和では，**塩**と水ができる。

$$H^+ + OH^- \longrightarrow H_2O$$

例 硫酸 ＋ 水酸化バリウム水溶液 ⟶ <u>硫酸バリウム</u> ＋ 水
                                          塩

      塩酸 ＋ 水酸化ナトリウム水溶液 ⟶ <u>塩化ナトリウム</u> ＋ 水
                                                       塩

●**生物のふえ方**…生物が新しい個体をつくる方法には，無性生殖と有性生殖がある。

●**減数分裂**…生殖細胞をつくるときに行われる，染色体の数が半分になる特別な細胞分裂である。

●**分離の法則**…対になっている遺伝子は，減数分裂によって分かれて1つずつ別の生殖細胞に入る。

●**湿度**

$$湿度〔\%〕= \frac{空気1m^3中に含まれている水蒸気量〔g〕}{その気温での空気1m^3中の飽和水蒸気量〔g〕} \times 100$$

(空気1m³中の水蒸気量は，その空気の露点における飽和水蒸気量と同じである。)

●**海陸風**…陸と海のあたたまり方の違いによって，よく晴れた昼間は**海風**，夜間は**陸風**が吹く。

●**観測地(北半球)の緯度と太陽の南中高度**
- 春分・秋分の日＝90°－緯度
- 夏至の日＝(90°－緯度)＋**23.4°**
- 冬至の日＝(90°－緯度)－23.4°

装丁デザイン　ブックデザイン研究所
本文デザイン　京田クリエーション
　　図　版　ユニックス
　イラスト　ウネハラユウジ

写真所蔵・提供

浅野浅春　内井道夫　恩藤知典　杉本伸一　東北電力　NASA　長谷川敏
ピクスタ　弘果　弘前中央青果　三菱重工業　山本達夫

〈敬称略・五十音順〉

本書に関する最新情報は, 小社ホームページにある**本書の「サポート情報」**を
ご覧ください。(開設していない場合もございます。)
なお, この本の内容についての責任は小社にあり, 内容に関するご質問は直接
小社におよせください。

高校入試 まとめ上手 理科

編著者	中学教育研究会	発行所	受験研究社
発行者	岡　本　明　剛	©株式会社	増進堂・受験研究社

〒550-0013 大阪市西区新町2—19—15
注文・不良品などについて: (06)6532-1581(代表)／本の内容について: (06)6532-1586(編集)

Printed in Japan　ユニックス(印刷)・高廣製本